茭白稳产高效绿色生产技术

（彩图版）

陈建明　邓曹仁　等　编著

中国农业出版社

图书在版编目（CIP）数据

茭白稳产高效绿色生产技术：彩图版/陈建明等编
著.—北京：中国农业出版社，2017.6
ISBN 978-7-109-22968-6

Ⅰ．①茭… Ⅱ．①陈… Ⅲ．①茭白—蔬菜园艺 Ⅳ.
①S645.2

中国版本图书馆CIP数据核字（2017）第112853号

中国农业出版社出版
（北京市朝阳区麦子店街18号楼）
（邮政编码 100125）
责任编辑 杨天桥 郭银巧

北京通州皇家印刷厂印刷 新华书店北京发行所发行
2017年6月第1版 2017年6月北京第1次印刷

开本：880mm×1230mm 1/32 印张：5.125
字数：126千字 印数 1～3 000册
定价：30.00元
（凡本版图书出现印刷、装订错误，请向出版社发行部调换）

编 者 名 单

主　编：陈建明　邓曹仁

副 主 编：寿森炎　马雅敏　邓建平　桑望鑫

编写人员（按姓氏拼音顺序排列）：

陈建明　邓曹仁　邓建平　胡巧虎

李　芳　梁建波　林水娟　刘成益

卢保兴　马雅敏　桑望鑫　沈学根

寿森炎　王　斌　张珏锋　张永根

赵月钧　钟海英　钟　兰　周锦连

内 容 提 要

本书内容分为9个部分。第一部分介绍茭白栽培新品种，包括9个单季茭白新品种和12个双季茭白新品种及其特征特性、栽培要点；第二部分介绍茭白栽培新技术，包括育苗、施肥、采收期调节等14项新技术；第三部分介绍茭白田种养结合模式，包括茭白田套养鳖、鱼、鸭、泥鳅和克氏原螯虾等5种模式；第四部分介绍茭白田轮作套种模式，包括茭白与旱生蔬菜、水稻、水生蔬菜等轮作套种8种模式；第五部分介绍茭白主要病虫害发生与防治，包括茭白锈病、胡麻叶斑病、纹枯病、二化螟、长绿飞虱、福寿螺等发生规律、防治技术；第六部分介绍在茭白上登记（支持登记）的农药，包括已在茭白品种上登记的5种农药，拟立项支持登记的8种农药；第七部分介绍茭白敌磺钠残留量快速检测技术；第八部分介绍茭白冷库贮藏保鲜技术，包括冷库建造、茭白预冷、冷库贮藏方法；第九部分介绍茭白叶工艺品制作技术。全书各部分内容均以文字和高清图片对应的方式进行介绍，书末附有农业部行业标准《绿色食品 产地环境质量》《绿色食品　肥料使用准则》和《茭白等级规程》，以及浙江省双季茭白全程标准化生产技术模式图和缙云县茭白标准化生产技术模式图，以方便读者参考。

本书内容丰富，文字简练，图文并茂，实用性强，适合茭白种植者、农业技术推广人员、从事茭白研究的科研人员阅读，也可供农林院校相关专业师生参考。

前言

茭白是我国特有的水生蔬菜，也是第二大类水生蔬菜。我国茭白种植面积广阔，分布于全国大多数省份，从南方的广东、广西至北方的北京，从东边的台湾、舟山群岛至西边的四川盆地均有种植，但主要集中在长江中下游省份及太湖流域。全国茭白种植面积约7.3万公顷，因经济价值高，已成为我国部分农村农民经济收入的重要来源。茭白是浙江省最主要的水生蔬菜，种植面积居全国之最，约3万公顷，产量达到70多万吨，分布在全省11个地市，主要在丽水缙云、台州黄岩、绍兴嵊州和新昌、金华磐安、宁波余姚、杭州余杭、嘉兴桐乡等地，平均每亩茭白产值达到5 000～8 000元，高的达到10 000元以上。"十二五"期间，浙江省主要茭白产区开展了一系列栽培新技术研究与示范，包括茭白新品种选育、茭白育苗繁殖技术，茭白割茎叶延迟采收技术，茭白节水灌溉栽培技术，茭白大棚地膜双膜覆盖栽培技术，茭白灌施沼液减施化肥技术，茭白结茭期调节技术、滨海盐碱地茭白高产栽培技术等；也开展了茭白田种养结合和轮作套种新模式的创新与实践，大面积推广茭白田套养鳖（鱼、鳅、鸭、克氏原螯虾）的生态种养模式，大面积推广茭白—水稻轮作、茭白—茄子轮作、西瓜—茭白轮作、茭白—荸荠轮作、茭白—长豇豆轮作、茭白—大球盖菇轮作、茭白—水芹套种、茭白—丝（苦）瓜套种等生态种植模式。通过这些种养结合模式和轮作套种模式，既提高了茭白田的经济效益，又实现了茭白田农药减量控害目标。推广了茭白产品贮藏保鲜技术，特别是大容量冷库贮藏保鲜技术，在稳定茭白市场中发挥了巨大作用。示范了茭白叶加工工艺品技术，既增加了茭农的收入，又减少了茭白叶对环境的影响。针对包括茭白在内的小作物品种上缺乏登记的农药品种，浙江省在"十二五"期间就开展了小品种农作物农药登记与应用；"十三五"期间为加快推进小品种农作物农药登记与应用，有效保障农业生产和农产品质量安全，根据浙江省财政厅、浙江省农业厅《关于下达2016年第二批现代农业发展专项资金的通知》（浙财农〔2016〕39号）和《关于做好2016年现代农业发展专项资金农产品质量安全建设的通知》（浙农计发〔2016〕8号）要求，缙云县农业局等单位积极进行小品种（茭白）病虫害的农药筛选、试验与示范工作。截至2016年12月，在茭白上登记的农药品种共有5个（阿维菌素、甲氨基阿维菌素苯甲酸盐、噻嗪酮、丙环唑、咪鲜胺），涉及3个防治对象，登记用于防治茭白二化螟、长绿飞虱和胡麻叶斑病，还有6个农药品种立项支持登记。

在浙江省丽水市农丰农业生产资料仓储配送有限公司、浙江省"三农六方"科技协作项目"茭白、莲藕生产关键技术集成与示范"和浙江省农业科学院—丽水市人民政府合作项目"茭白田高效生态种养模式及其关键技术研究与示范"（LS20150004）的资助下，我们结合近十年来自己的科研成果，同时参考国内同行的研究结果和总结群众经验，将茭白稳产高效绿色生产技术整理成册。全书内容分为9个部分，分别为：茭白主栽品种、茭白栽培新技术、茭白田种养结合模式、茭白轮作套种模式、茭白病虫害发生与防治、茭白上登记（支持登记）农药、茭白敌磺钠残留量快速检测技术、茭白冷库贮藏保鲜技术和茭白叶工艺品制作技术，书末附有行业标准《绿色食品　产地环境》《绿色食品　肥料使用准则》和《茭白等级规程》，以及浙江省双季茭白全程标准化生产技术模式图和缙云县茭白标准化生产技术模式图。

本书既有理论知识，又有实用技术；既是作者近十年来的主要研究成果，又有国内同行专家的研究成果，内容比较系统。本书可供广大茭白种植户、基层农业技术人员以及农业院校师生阅读和参考。

鉴于篇幅有限，书中仅列主要参考文献。由于作者水平有限，难免有错漏和不妥之处，敬请广大读者批评指正。

编著者

2017年3月

目录

前言

一、茭白主栽品种

    十多年来，浙江大学蔬菜研究所、浙江省农业科学院植物保护与微生物研究所、金华市农业科学研究院、余姚市农业科学研究所、桐乡市农业技术推广中心、嵊州市农业科学研究所、福建农业大学园艺系、武汉市蔬菜科学研究所、中国计量大学生命科学学院等单位先后成功选育出一系列高产优质抗性较好的茭白新品种，成为各茭白产区主栽品种，如浙江省选育的单季品种美人茭、丽茭1号、金茭1号、金茭2号、余茭3号，双季品种崇茭1号、龙茭2号、余茭4号、浙茭2号、浙茭3号、浙茭6号、浙茭7号、浙大茭1号、浙大茭2号、浙大茭3号；湖北省选育的品种鄂茭1号、鄂茭2号、鄂茭3号和鄂茭4号；福建省选育的品种台福1号、桂瑶早等。目前，这些茭白品种分别在选育地区进行大面积推广种植，尤其是浙江省选育的品种已在长江中下游地区大面积应用，有力促进了茭白品种的更新换代，经济效益显著提高。

（一）单季茭白品种

1. 高山美人茭

    原名吴岭茭白。缙云县农业局从缙云地方茭白品种优良株系中系统选育。品种审定证书编号：浙认品认字第252号。

    品质产量： 纤维素少，味甜美，品质好。一般大田亩[*]产壳茭1 600～2 000千克，高者可达2 500千克以上，产量稳定。

    特征特性： 属单季茭白品种。株高1.8～2.2米，单株分蘖有叶片

---

    * 亩为非法定计量单位，15亩＝1公顷。——编者注

10～15张，叶片长1.2～1.5米，宽3～4厘米，叶色深绿；叶鞘长50～60厘米，宽4～4.6厘米，浅褐绿色，两侧密生棕色绒毛。定植到初收100～120天，耐肥，耐涝，生长势较强，但较感锈病。肉质茎似竹笋，长25～35厘米，横茎3～5厘米，横切面椭圆或近圆形，肉白色，肉质细嫩，单个重0.15～0.2千克，结茭率高，茭形壮大。外形美观，似美人，采收期长。

栽培要点：注意母株留种与选育，防治雄茭发生，分蘖后期要及时剥除下部黄叶，改善通风通光，保护绿叶。注意病虫害防治，尤其是锈病防治。

适宜种植区域：长江中下游地区，尤其适宜在海拔400～1 000米山区种植。

美人茭

2.丽茭1号

丽水市农业科学研究所和缙云县农业局从缙云地方品种美人茭优良株系中系统选育。品种编号：浙认蔬2008004。

产量表现：经2004—2005年多点品比试验，壳茭亩产1 679.3～2 098.8千克，平均亩产1 796.2千克，比对照美人茭平均增产5.1%。一般大田亩产壳茭1 800千克左右。

特征特性：属单季茭品种。早熟性好，植株生长整齐，产量、品质、适应性等综合性状表现优良，株型紧凑，生长势强。株高240厘米左右，叶鞘长度约58厘米，最大叶长190厘米左右，叶宽4.6～4.8厘米。单株有效分蘖2～3个，开始孕茭叶龄13叶左右，茭体4节，茭肉长16.7～18.6厘米，其中第二节和第三节纵、横径分别为7.43厘米、4.66厘米和4 84厘米、3.57厘米。壳茭单重142.5～178.6克，茭肉净重105.6～128.6克，净茭率71.8%～74.1%，茭肉白嫩、光滑，品质好。生长适温15～28℃，孕茭适温20～25℃。在丽水海拔800米左右地区种植一般7月中旬开始采收，7月下旬8月初进入盛收期，熟期比美人茭早12～14天。

栽培要点：在海拔800米以上山区种植应预防倒春寒危害。秋栽9月下旬至10月上中旬定植，春栽4月上旬定植，行株距60～70厘米×40～50厘米。秋栽每墩1～2苗，春栽每墩3～4苗，亩留有效苗1.9万～2.2万株。加强锈病防治。

适宜种植区域：长江中下游地区，尤其适宜在海拔400～1 000米山区种植。

 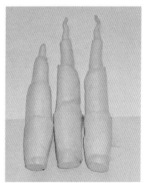

丽茭1号

3. 金茭1号

原名磐茭98。磐安县农业局和金华市农业科学研究院从磐安地方茭白品种的优良单株系统选育。品种审定编号：浙认蔬2007007。

产量表现：经多点品比试验，平均亩产壳茭约1 400千克，比对照单季茭一点红亩增29.6%，比磐安茭白亩增18.6%。一般大田亩产壳茭1 200～1 400千克。

特征特性：属单季茭品种。生长整齐，产量、品质、适应性等综合性状表现优良，植株长势较强，株高2.5米左右，与原品种相比，平均株高降低约10厘米，最大叶长185厘米左右，最大叶宽4.1～4.6厘米，叶鞘长达53～63厘米，孕茭叶龄15～17叶，单株有效分蘖1.7～2.6个。茭体膨大4节，隐芽无色，壳茭单重110～135克，平均124.6克，与原品种相比，单茭重增约10克。茭肉长20.2～22.8厘米，宽3.1～3.8厘米，叶鞘浅绿色覆浅紫色条纹。肉质茎表皮光滑、白嫩。适宜生长温度15～28℃，适宜孕茭温度20～25℃。正常年份采收期7月下旬到8月下旬，与原品种相比熟期提早约7天。

栽培要点：春栽4月上旬定植，秋栽10月上中旬定植。亩栽1 500～1 800穴，每穴2～3本，行株距70厘米×50厘米。加强锈病预防。

适宜种植区域：长江中下游地区，尤其适宜在海拔500～700米山区种植。

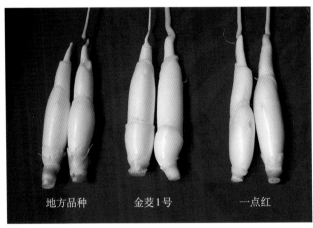

地方品种　　　　金茭1号　　　　一点红

金茭1号与其他品种茭肉比较

4.金茭2号

金华市农业科学研究院、浙江大学蔬菜研究所和金华陆丰农业开发有限公司等单位从水珍1号变异株中系统选育。品种审定编号：浙认蔬2008005。

产量表现：2004—2006年多点品比试验结果，亩产壳茭2 151.8～2 431.7千克，平均亩产2 279.9千克，比当地主栽品种水珍1号平均亩增产12.1%。一般亩产2 000千克左右。

特征特性：单季茭品种，较耐高温，采收期较长，对光周期较不敏感。长势中等，株型紧凑，田间表现整齐一致，耐热性较强，品质优良，产量高。株高2.2米左右，叶鞘浅绿色，长52～55厘米，最大叶长162～170厘米，最大叶宽3.6～3.9厘米，开始孕茭叶龄11叶左右，年生长期内每墩有效分蘖11.8～14.1个。茭肉梭形，茭体4节，表皮光滑，肉质细嫩，商品性佳。有两个比较集中的采收期：第一个采收期6月下旬到7月中下旬，平均壳茭重约120克，平均茭肉重约95克，平均茭肉长17.0厘米左右，茭肉第二、三节长和直径分别为6.1厘米、6.5厘米和3.9厘米、3.0厘米左右；第二个采收期9月下旬到10月中旬，平均壳茭重约98克，平均茭肉重约76克，平均茭肉长16.4厘米左右，茭肉第二、三节长和直径分别为5.8厘米、6.6厘米和3.7厘米、2.9厘米左右。长势中等，株型紧凑，田间表现整齐一致，耐热性较强，品质优良，产量高。

栽培要点：金华地区3月中下旬定植，春季注意预防低温危害；注意防治螟虫。

适宜种植区域：长江中下游地区，尤其适宜在水库库区下游种植。

金茭2号

5.鄂茭1号

原名8820。武汉市蔬菜科学研究所从象牙茭变异单株中单墩系选而成。品种编号：鄂审菜002-2001。

品质产量：总糖含量24.11％，淀粉含量1.01％，蛋白质含量16.89％。9月下旬至10月上旬上市，一般亩产1 200～1 500千克。

特征特性：株高240～280厘米。肉质茎竹笋形，长20～25厘米，横径3－4厘米，表皮洁白光滑、有光泽，肉质细腻、微甜，单茭重100克。秋茭单季早中熟品种。株型紧凑，分蘖力较弱。对胡麻叶斑病抗性较强。

栽培要点：施足底肥，以有机肥为主；追肥2次，5月初、8月上旬分别追施分蘖肥、孕茭肥。4月上旬当苗高40厘米、气温上升到15℃时分墩移栽，每墩带7～8个基本苗。水位管理前期宜浅，后期宜深，冬季田间不能干水。及时中耕除草，7月中旬打老黄叶的同时除去无效分蘖。注意防治二化螟、大螟和长绿飞虱。

鄂茭1号

适宜种植区域：长江中下游地区。

6.鄂茭3号

武汉市蔬菜科学研究所从湖北地方茭白品种古夫茭变异株中经单株选择育成。品种审定编号：鄂审菜2011005。

品质产量：富含营养成分，可溶性总糖含量3.0％，粗蛋白质含量1.6％，粗纤维含量0.7％，维生素C含量10.02毫克/千克。2007—2010年经武汉、咸宁等地试种，平均每亩壳茭产量1 100～1 200千克。

特征特性：单季茭白，晚熟品种。株高225厘米，单株有效分蘖数9.5个。武汉地区一般采收始期10月下旬，采收盛期10月下旬至11月初，采收末期11月7日左右。肉质茎竹笋形，表皮光滑、白色，肉质致密，冬孢子堆少或无。肉质茎长21厘米，粗3.5厘米，采收盛期单个壳茭重量100克，单个肉质茎重量78克。

栽培要点：生育期较长，注意增施孕茭肥，增加通风透光。

适宜种植区域：长江中下游地区。

鄂茭3号

7. 台福1号

福建农林大学园艺学院和福建农林大学蔬菜研究所从台湾茭白变异株中选育而成。品种审定编号：闽认菜2012013。

产量表现：经永泰县、龙岩市、安溪县、宁化县等地多点多年试种示范，一般亩产2 300千克以上。

特征特性：属早熟单季茭白品种。从定植到始收100～110天，产量较高，肉质致密，口感嫩脆略带甜味，品质优。植株生长势较强，株型紧凑，株高198～215厘米，叶狭长，剑形，叶色深绿，叶鞘浅绿色，叶鞘长48～52厘米，叶长126～143厘米，叶宽3.7～4.2厘米，叶鞘浅绿色。每丛分蘖9～20个，绿叶数7叶以上。壳茭绿色，单壳茭重110～125克，肉茭重

台福1号

90 ～ 100克。茭体4节，长18 ～ 20厘米，胸径3.5 ～ 4.3厘米，茭体顶部有拐点，茎纺锤形、光滑白嫩，生熟食皆可。经龙岩市新罗区植保站田间病害调查，叶锈病、胡麻斑病、细菌性条斑病比对照龙岩本地茭白轻。

栽培要点：一般平原地区2月下旬至4月下旬定植；海拔500 ～ 700米山区3月中旬至4月下旬定植。亩定植1 000 ～ 1 100株。注意防治叶锈病、胡麻斑病、细菌性条斑病等病害。

适宜种植区域：福建省。

8. 桂瑶早

原名安溪早茭白。安溪县龙门桂瑶蔬菜专业合作社从安溪龙门镇桂瑶村地方品种变异株中系选而成。品种编号：闽认菜2013019。

品质产量：品质较优。经福建省品质质量检测研究所检测，每100克鲜样含还原糖4.3克、粗蛋白0.93克、粗纤维0.7克。经安溪县等地多年多点试种示范，亩产量3 000千克左右，比对照安溪茭白增产29%左右。

桂瑶早

特征特性：为单季茭品种。从定植到始收80天左右，比原农家种早熟10 ～ 15天，采收期长。植株生长势较强，株型紧凑，株高180 ～ 210厘米，叶剑形，叶色深绿，叶鞘浅绿色，叶鞘长50 ～ 70厘米，叶长100 ～ 120厘米，叶宽4.0 ～ 5.0厘米。单株分蘖9 ～ 20个。壳茭绿色，单壳茭重113 ～ 130克，肉茭重90 ～ 100克。茭体4节，长

15 ～ 19厘米，胸径3.5 ～ 4.6厘米，纺锤形，光滑白嫩，口感嫩脆略带甜味。经安溪县植保站田间调查，叶锈病、胡麻斑病、细菌性条斑病比对照原农家种轻。

栽培要点：一般平原地区2月中旬至4月下旬定植，海拔500 ～ 700米山区2月下旬至4月下旬定植。亩定植800 ～ 1 000株。注意防治叶锈病、胡麻斑病、细菌性条斑病等病害。

适宜种植区域：福建省安溪县。

9.余茭3号

余姚市农业科学研究所、浙江省农业科学院植物保护与微生物研究所和余姚市河姆渡茭白研究中心等单位从浙江余姚地方品种八月茭优良变异单株中选育的单季茭白新品种。目前还未经过品种审定。

品质产量：品质优良。含蛋白质1.4%，粗纤维0.6%，维生素C 64.3毫克/千克，干物质6.9%。维生素C含量高。一般每亩产量900千克左右。

特征特性：单季品种。极早熟，分蘖力强，株型紧凑，耐高温孕茭。株高215 ～ 225厘米，叶片长168 ～ 171厘米，叶片宽3.7 ～ 4.2厘米，叶鞘长47 ～ 54厘米。8月下旬开始上市，9月中旬前产茭结束，产茭历期23 ～ 28天，成熟期一致。肉质茎长16.5 ～ 18.5厘米，直径3.5 ～ 4.0厘米，单茭质量110 ～ 130克。肉质茎竹笋形，表皮洁白、光滑、肉质细嫩、鲜糯。

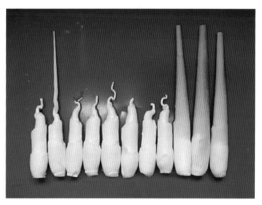

余茭3号

适宜种植区域：长江中下游地区。

（二）双季茭白品种

1. 龙茭2号

桐乡市农业技术推广服务中心、浙江省农业科学院植物保护与微生物研究所、桐乡市龙翔街道农业经济服务中心和桐乡市董家茭白合作社等单位从梭子茭变异株中系统选育而成。品种审定编号：浙认蔬2008024。

产量表现：2006—2008年多点品种比较试验结果，夏茭平均亩产2 986千克，比对照梭子茭增37.3%；秋茭平均亩产1 556千克，比对照增产45.9%。

特征特性：双季茭白。中晚熟，长势强，株型紧凑，分蘖力强，较耐寒，较抗胡麻叶斑病，品质好，丰产性好。夏茭5月上中旬至6月中旬采收，秋茭10月底至12月初采收。植株生长势较强，株型紧凑直立。秋茭株高170厘米左右，叶鞘浅绿色，长45厘米左右；最大叶长140厘米，宽3.2厘米左右；平均有效分蘖14.7个/墩；平均孕茭叶龄8.1叶；壳茭重平均141.7克，肉茭重95克左右，净茭率68%左右，膨大的茭体4~5节，茭肉长22厘米左右，最大横切面4.3厘米×4.0厘米。夏茭株高175厘米左右，叶鞘绿色，长36厘米左右；最大叶长110厘米，宽3.7厘米左右；平均有效分蘖约19个/墩；壳茭重150克左右，肉茭重110克左右，净茭率70%以上，膨大的茭体4~5节，茭肉长约20厘米，最大横切面直径4.4厘米×4.1厘米。茭肉白色，可溶性总糖含量1.74%，干物质含量6.0%，粗纤维0.79%。对胡麻叶斑病和二化螟抗性优于对照。

栽培要点：亩栽1 100墩左右，两段育苗，秋茭7月上中旬定植。水面放养浮萍，改善小气候，降低水温。注意肥水管理和螟虫防治。秋茭采收中后期补施少量复混肥，以保证采收期和翌年夏茭生长。

适宜种植区域：长江中下游地区。

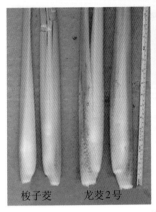

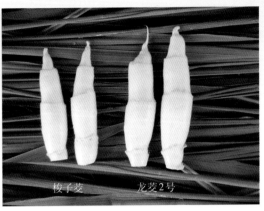

龙茭2号

2. 崇茭1号

原名杭州冬茭。杭州市余杭区崇贤街道农业公共服务中心、浙江大学农业与生物技术学院和杭州市余杭区种子管理站等单位从梭子茭植株中选育的优良变异株。品种审定编号：浙（非）审蔬2012011。

产量表现：2009—2010年度多点品比试验秋茭平均亩产1 580千克，夏茭平均亩产3 042千克，分别比对照梭子茭增产46.0％和15.1％；2010—2011年度秋茭平均亩产1 662千克，夏茭平均亩产3 188千克，分别比对照增产43.9％和14.8％。两年平均亩产秋茭1 621千克，比对照增产44.9％；夏茭3 115千克，比对照增产14.9％。

特征特性：双季茭。秋茭晚熟，夏茭中熟。分蘖力

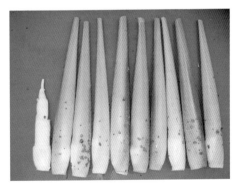

崇茭1号

强，夏茭5月中下旬采收，秋茭10月底至12月中旬采收。秋茭平均株高191厘米，最大叶139.3厘米×4.8厘米，有效分蘖18.0个/墩；夏茭平均株高181.1厘米；最大叶129.4厘米×4.1厘米。秋茭净单茭重123.5克，长23.3厘米，粗4.4厘米；茭体膨大以4节居多，隐芽白色，表皮白色光滑，肉质细嫩，商品性佳。耐低温性好。

栽培要点：长势强，分蘖力强。每年要进行提纯复壮，及时去除雄茭和灰茭。每亩种植800～1 000墩。

适宜种植区域：长江中下游地区。

3. 浙茭2号

浙江农业大学园艺系蔬菜研究所从传统茭白梭子茭的优良变异体中选育而成，尚未品种认定，但目前在国内许多茭白产区进行大面积推广应用，产量稳定。

品质产量：秋茭亩产壳茭1 200～1 250千克，夏茭亩产壳茭1 600～1 700千克，年亩产量2 900千克左右。

浙茭2号

特征特性：中熟品种。株高210～215厘米，生长势较强，分蘖中等，抗逆性好，适应性广。茭体表皮光滑洁白，质地细嫩，味鲜美，长17～18厘米，净茭重80～85克。在浙江省秋茭采茭期9月中旬至10月中旬。适合大棚早熟栽培，5月中旬上市。

适宜种植区域：长江中下游地区。

4. 浙茭3号

金华市农业科学研究院和金华水生蔬菜产业科技创新服务中

心从浙茭2号变异株系统选育而成。品种审定编号：浙（非）审蔬2013011。

产量表现：经2010—2012年多点试验，秋茭平均亩产1 528千克，比对照浙茭2号增产10.2%；夏茭平均亩产2 330千克，比对照增产5.5%。

特征特性：双季茭中熟品种。产量高，品质好，夏茭上市较迟，与其他品种搭配可错时上市。孕茭适温18 ~ 28℃，秋茭10月中下旬至11月中旬采收，与对照相仿。夏茭5月中旬至6月中旬采收，比对照迟5天。株型较紧凑，叶鞘浅绿色间浅紫色条纹。秋茭平均高度197.7厘米，叶鞘长48.9厘米，最大叶长152.9厘米，宽3.6厘米，有效分蘖9.3个/墩；夏茭平均高度181.8厘米，叶鞘长49.8厘米，最大叶长140.3厘米，宽3.9厘米。秋茭平均壳茭重107.9克，净茭重73.2克，肉质茎长17.4厘米，粗4.0厘米。夏茭平均壳茭重107.8克，净茭重74.6克，肉质茎长19.2厘米，粗3.9厘米。肉质茎膨大3 ~ 5节，多4节，隐芽白色，表皮光滑洁白，肉质细嫩，商品性佳。田间表现抗性与对照相近。

栽培要点：采用两段育苗，在7月上中旬移栽。夏季在冷水资源丰富地区种植，可延迟采收，提高产量，改善品质。

适宜种植区域：长江中下游地区。

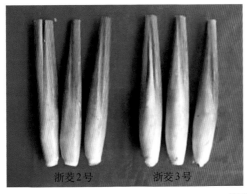
浙茭2号　　浙茭3号

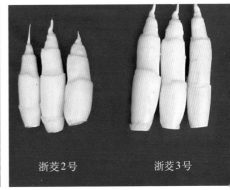
浙茭2号　　　　浙茭3号

浙茭3号

5. 浙茭6号

原名嵊茭1号。嵊州市农业科学研究所和金华水生蔬菜产业科技创新服务中心从浙茭2号变异株系统选育而成。品种审定编号浙（非）审蔬2012009。

品质产量： 经农业部农产品及转基因产品质量安全监督检验测试中心（杭州）检测，干物质含量4.42%，蛋白质1.12%，粗纤维0.9%，可溶性总糖3.01%。经2008—2011年多点试验，秋茭平均亩产1 580千克，比对照浙茭2号增产19.9%；夏茭平均亩产2 504千克，比对照增产12.9%。

特征特性： 双季茭。夏茭比对照早熟；秋茭比对照迟熟，产量高，品质好。植株较高大，秋茭株高平均208厘米，夏茭株高184厘米。叶宽3.7～3.9厘米，叶色比对照稍深，叶鞘浅绿色覆浅紫色条纹，长47～49厘米，秋茭有效分蘖8.9个/墩。孕茭适温16～20℃，春季大棚栽培5月中旬到6月中旬采收，露地栽培约迟15天，比对照早6～8天。秋茭10月下旬到11月下旬采收，比对照迟10～14天。壳茭重116克，净茭重79.9克，肉茭长18.4厘米，粗4.1厘米。茭体膨大3～5节，以4节居多，隐芽白色，表皮光滑，肉质细嫩，商品性佳。田间表现抗性与对照相近。

栽培要点： 孕茭期慎用杀菌剂。

适宜种植区域： 长江中下游地区。

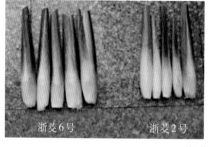
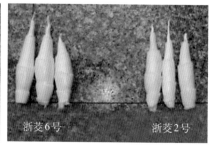

浙茭6号

6. 浙茭 7 号

中国计量大学与金华市农业科学研究院从浙江省早熟地方品种梭子茭优良变异株中选育而成。品种审定编号：浙（非）审蔬2015011。

品质产量：经农业部农产品及转基因产品质量安全监督检验测试中心（杭州）检测，干物质含量7.3%，蛋白质1.17%，粗纤维1.20%，可溶性总糖量4.49%，维生素C 55.0毫克/千克。经2013—2014年度在浙江桐乡、余姚、金华等地试验，夏茭平均亩产2 718.8千克，秋茭平均亩产1 368千克。

特征特性：双季茭。夏茭、秋茭早熟。孕茭适温18～28℃。夏茭采收期比对照提早5～7天，秋茭比对照提早3～5天。植株较高大，紧凑。秋茭株高169.4厘米，叶鞘平均长49.3厘米，宽3.28厘米，每墩有效分蘗数12.9个。夏茭株高平均165.6厘米，叶鞘平均长43.2厘米，宽3.8厘米。正常年份9月下旬至10月中旬采收秋茭，4月底至6月初采收夏茭。秋茭壳茭平均重132.7克，净茭97.8克，肉质茎长23.22厘米，粗3.52厘米；夏茭壳茭平均135.6克，净茭98.2克，肉质茎长24.47厘米，粗3.67厘米。肉质茎3～5节，隐芽白色，表皮光滑洁白，肉质细嫩，商品性佳。对锈病、胡麻叶斑病表现中抗。

栽培要点：3月遇倒春寒注意防冻保温。

适宜种植区域：长江中下游地区。

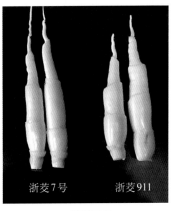

浙茭7号　　　浙茭911

浙茭7号

7. 余茭4号

余姚市农业科学研究所、浙江省农业科学院植物保护与微生物研究所和余姚市河姆渡茭白研究中心等单位从浙茭2号变异株系选育而成。品种审定编号：浙（非）审蔬2012010。

产量表现：2010—2012年多点比较试验，夏茭平均亩产2 704.3千克，比对照浙茭2号增产21.1 %，秋茭平均亩产1 324.8千克，比对照增产36.4%。

特征特性：双季茭。中晚熟。夏茭5月下旬至6月下旬采收，与对照相近；秋茭11月上旬至12月上旬采收，比对照推迟20天左右。株型较紧凑，分蘖力强，叶色青绿，叶鞘绿色覆浅紫色斑纹。秋茭株高206厘米，叶片长140厘米，宽3.6厘米，叶鞘长44厘米。有效分蘖13个/墩。壳茭重143.6克，净茭重96.7克，净茭率67.3%，肉质茎长20.3厘米，粗3.7厘米。夏茭株高216厘米，叶片长161厘米，叶宽4.0厘米，叶鞘长46厘米。壳茭重119.7克，净茭重76.8克，净茭率64.1%，肉质茎长17.0厘米，粗3.5厘米。孕茭性好，肉质茎膨大节4节为主，表皮光滑洁白，肉质细嫩。经农业部农产品质量安全监督检验测试中心（宁波）检测，含蛋白质1.16%，粗纤维0.9%，水分93.9%，可溶性固形物3.0%，维生素C 68.2毫克/千克。田间表现对长绿飞虱、二化螟和胡麻叶斑病抗性优于对照。

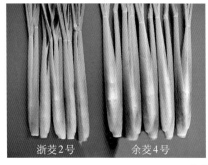
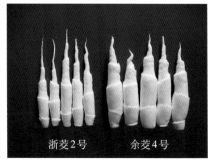

余茭4号

栽培要点：亩栽1 100墩左右，两段育苗，7月中旬至8月上旬定植，比对照推迟20余天。

适宜种植区域：长江中下游地区。

8. 鄂茭2号

原名8970。武汉市蔬菜科学研究所从中介茭的变异单株中单墩系选育而成。品种编号：鄂审菜003-2001。

品质产量：总糖含量30.64％，淀粉含量1.14％，蛋白质含量16.31％。秋茭亩产750千克；夏茭亩产1 250千克。

特征特性：双季茭中熟品种。分蘖力中等，成熟期一致，夏茭株高180～190厘米，秋茭株高240～260厘米。当地4月上中旬移栽，夏茭迟熟，6月上中旬上市，秋茭早熟，9月上中旬上市。肉质茎蜡台形，长18～20厘米，横径3.5～4.0厘米，表皮洁白光滑，肉质细腻、味甜。单茭重90～100克。

栽培要点：秋茭4月上旬分墩移栽，每小墩带茭苗5～6株；施足基肥，5月初、8月上旬分别追施分蘖肥、孕茭肥；水位管理，前期宜浅，后期宜深，冬季不能干水；及时中耕除草，打老黄叶，除去无效分蘖；注意防治二化螟、大螟和长绿飞虱。夏茭冬季田间不能干水，老茭墩齐泥割，并纵切一刀，一半留田间；2月上旬茭白萌芽时适施有机肥，3月中下旬亩追施硫酸钾复合肥30～35千克，以后看苗施肥；苗高20厘米、35～40厘米时各间苗补苗1次，每墩留苗20株。

适宜种植区域：长江中下游地区。

鄂茭2号

9. 鄂茭4号（0209）

武汉市蔬菜科学研究所和武汉蔬博农业科技有限公司从鄂茭2号变异株中选择优良株系育成。品种审定编号：鄂审菜2016014。

品质产量：经农业部食品质量监督检验测试中心（武汉）测定，可溶性糖含量2.27%，蛋白质含量1.21%，粗纤维含量0.8%，干物质含量7.83%。2013—2014年度在武汉、赤壁等地试验、试种，秋茭亩产1 100千克左右，夏茭亩产800千克左右。

特征特性：双季茭早熟品种。株型较紧凑，植株生长势较强，株高240厘米左右，分蘖力中等，成茭率较高。秋茭9月上旬上市，夏茭5月中旬上市。肉质茎竹笋形，表皮光滑、白色，茎长20厘米左右，横径3.5厘米左右，肉质致密，无冬孢子堆，单茭重100克左右。

栽培要点：秋茭3月下旬至4月中旬分墩定植，每小墩带茭苗5～6株；施足基肥，5月中旬、8月上旬分别追施分蘖肥和孕茭肥；水位管理前期宜浅、后期宜深，冬季不干水；及时中耕除草，打老黄叶，去杂去劣；冬季对老茭墩齐泥割。夏茭2月中旬茭白萌芽期增施有机肥，4月中旬追施尿素25千克和硫酸钾5～10千克；及时间苗、补苗，每墩留外围壮苗20株。注意防治胡麻叶斑病、纹枯病、锈病和二化螟、长绿飞虱等病虫害。

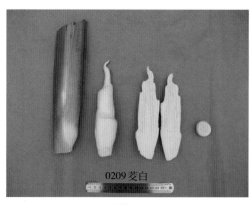

0209茭白

鄂茭4号

适宜种植区域：长江中下游地区。

10. 浙大茭1号

浙江大学农业与生物技术学院蔬菜研究所、桐乡市农业技术推广中心和浙江省农业科学院植物保护与微生物研究所等单位选育，目前尚未经过品种审定。

品质产量：品质较好，营养丰富。秋茭壳茭每亩产量1 500千克左右，夏茭壳茭每亩产量2 000千克左右。

特征特性：中熟茭品系。外观性状与浙茭991相似，植株比较高大，生长势强健。茭体壳青紫混合色，茭白个体大，平均150克以上。平原秋茭10月上旬至下旬上市，夏茭6月上市。在海拔400～700米山区试种，秋茭采收期提前到9月下旬，夏茭差异不大，适合秋季茭白空档期上市。

适宜种植区域：长江中下游地区。

浙大茭1号

11. 浙大茭2号

浙江大学农业与生物技术学院蔬菜研究所、浙江省农业科学院植物保护与微生物研究所等单位从梭子茭中紫壳系列筛选，现已在生产中推广应用。目前还未经过品种审定。

品质产量：品质较好。秋茭产量是浙大茭系列中最高的，亩产壳茭达1 600千克，夏茭结茭相对迟一些，一般在1 500千克以上。

特征特性：属高温结茭型。深紫红色，植株生长势旺盛，株高200～225厘米，秋茭在植株160～180厘米间结茭，夏茭在170～190厘米间结茭，茭体长18～20厘米，茭肉重158～161克，秋茭9月下旬开始结茭，可延迟到打霜前。

适宜种植区域：长江中下游地区。

浙大茭2号

12. 浙大茭3号

浙江大学农业与生物技术学院蔬菜研究所、浙江省台州市黄岩区农林局蔬菜办公室和浙江省农业科学院植物保护与微生物研究所等单位从浙茭2号优良株系中筛选，已在浙江省茭白产区推广。目前还未经过品种审定。

品质产量：品质较好。田间试验秋茭壳茭产量1 300 ~ 1 500千克，夏茭1 700 ~ 1 900千克，年平均产量为3 110千克左右。

特征特性：株高211 ~ 213厘米，肉茭长18 ~ 19厘米，茭肉重136 ~ 141克，秋茭采茭时间在10月中旬至11月中旬，露地栽培夏茭采茭期在5月上旬至6月上旬。

适宜种植区域：长江中下游地区。

浙大茭3号

二、茭白栽培新技术

　　近十多年来，特别是"十二五"以来，我国茭白产业发展迅速，茭白高效安全生产技术不断创新，实现了茭白稳产高产高效的目标。目前主要有单（双）季茭白种苗的繁殖技术、单季茭白一年收两茬栽培技术、茭白大棚栽培技术、茭白大棚设施＋地膜双膜覆盖栽培技术、茭白小拱棚栽培技术、双季茭白节水灌溉栽培技术、不同栽培模式茭白施肥技术、单（双）季茭白割叶推迟采收技术、植物生长调节剂调节茭白采收期技术、茭白灌施沼液高效栽培技术等。

1. 正常茭、灰茭和雄茭薹管快速鉴别方法

　　茭白按形态可分为三类：雄茭、灰茭、正常茭。雄茭是指茭白植株没有受到黑粉菌侵染，不能形成膨大肉质茎，在夏秋季适宜条件下还能抽薹开花；灰茭是指茭白植株受到毒性较强的黑粉菌侵染，膨大肉质茎中有大量的黑褐色冬孢子，不能食用的茭白；正常茭是指茭白植株在生长过程中受到黑粉菌侵染，使茭白茎基节部分组织细胞增生、膨大形成肥大的肉质茎，即人们食用的茭白。这三类茭白在植物学、生理特性、叶片叶绿素和光合能力上存在差异，但难以完全准确地区分。丽水市农业科学研究院和浙江省农业科学院植物保护与微生物研究所建立了一个快速鉴别正常茭、灰茭与雄茭薹管的方法。

　　笔者在单季茭和双季茭采收过程中经常发现一些雄茭和灰茭植株。从薹管的横截面和纵切面，肉眼可见正常茭、灰茭与雄茭有明显不同。正常茭、灰茭的薹管髓腔内有丝状物，呈纵向分布，丝状物粗细如毛发，呈白色，薹管老化后丝状物呈黄色。丝状物自薹管尖端起，在髓腔中穿过节膜向下延伸，一般在薹管中上部分布较多，

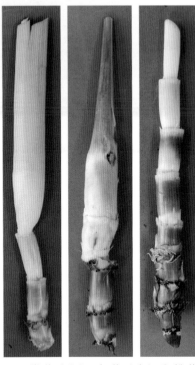

尾端渐少。不同薹管之间丝状物数量差异大，一般有5～10根，有的薹管多达20余根，且在各节内不间断延伸；也有些薹管仅1、2根断断续续分布。雄茭薹管髓腔内则完全没有丝状物，无论哪个节位都不见丝状物。

利用薹管髓腔内有无丝状物作为区分依据，能快速分辨出雄茭薹管，而且准确率可达100%。在生产上，茭白多以分株或用薹管寄秧、扦插进行育苗、定植，以薹管髓腔内有无丝状物为判断依据，茭农可以在育苗定植前从薹管横截面处凭肉眼区分雄茭。按此办法，在种苗准备阶段即可完全排除雄茭，大大减少因栽种雄茭而造成的产量损失，对提高茭白产量和增加经济效益具有重要意义。

正常茭（左）、灰茭（中）和雄茭（右）植株薹管

正常茭（左，有丝状物）、灰茭（中，有丝状物）和雄茭（右，无丝状物）薹管的横切面观

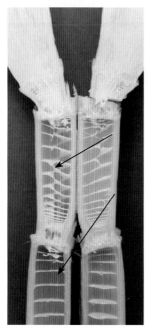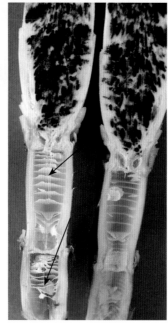

正常茭（左，有丝状物）、灰茭（中，有丝状物）和雄茭（右，无丝状物）薹管的纵切面观

2. 单季茭白"薹管平铺寄秧"育苗技术

茭白育苗繁殖技术是茭白栽培技术的关键环节，简便实用、提高繁殖系数是茭白繁殖育苗的主要方向，以往一个种墩一般只能培育出10～15株新苗，本方法可以培育出40～90株新苗，育苗时间比寄秧后分株育苗繁殖缩短2个月，繁殖系数比剪秆扦插育苗提高3～6倍，同时能提高秧苗的一致性，使定植大田后茭苗生长均匀，有利于茭白集中孕茭采收。缙云县农业局提出的单季茭白"薹管平铺寄秧"育苗技术是茭白快速育苗繁殖技术，是单季茭白一年收两茬栽培模式中的核心技术。目前已在丽水市及周边县市普遍应用，并逐步在高山单季茭中应用。主要技术要点如下。

（1）育苗时间 年前8月底至9月准备好秧田，分割母株秆，从泥面下2～3厘米处挖起，要带1～2个须根，剪取长度20～25厘米作为扦插材料。

（2）秧田作畦 宽1.2～1.5米，沟宽30厘米左右，整平，保持畦面无水，沟中有水。

（3）寄秧 在高海拔区单季茭白采收结束后，剪取母茭秆，长度一般20～25厘米，作为繁殖材料。寄秧前要将整秆母茭秆的叶鞘剥掉（即"薹管"），使薹管各节间快速生根发芽，形成新的茭白苗，这是该育苗法的关键技术之一。寄秧时把薹管平铺摆放到备好的秧田畦面上，没有芽的一边朝下，行距5厘米，株距是使薹管首尾连接。

（4）秧田管理 寄秧后，保持秧田水位齐畦面，水位过高薹管

薹管寄秧育苗、移栽

受淹腐烂，会使分蘖芽死亡；水位过浅薹管吸不到水，易干枯。新芽抽出泥面，灌水上秧板，出苗后7天左右施复合肥10～15千克/亩。一般寄秧后1周左右薹管每个节位分蘖芽都会萌发生根，抽出新的茭白苗，再过2周至3周苗高15～25厘米时，即可将每个茭白苗带根剪下，移至大田定植。

3. 双季茭白"两段育秧"育苗技术

传统双季茭白栽培时间一般在3月至4月上旬，当年秋季采收秋茭，第二年采收夏茭。但浙江省桐乡市农业技术推广中心和桐乡董家茭白专业合作社在龙翔街道董家村经过多年研究，提出以提高茭白质量、提高土地利用率为主，改进传统种植方法的"两段育秧"法。采用两段育秧，改小苗春季定植为夏季大苗定植，可提高土地利用率20%。该育秧技术已在浙江省各茭白产区大面积推广应用。技术要点如下。

（1）起墩育苗　2月上旬挖起事先标记的茭墩，将种墩用刀劈成含1～2个薹管的小墩，移栽到育苗床或育苗专用田，墩距50厘米×50厘米。

（2）育苗田准备　选择前茬非茭白的田块作为育苗田，每亩大田计划育苗田50～60米^2。2月下旬施用腐熟有机肥1 000～1 500千克、复合肥20～30千克、硼砂1.5千克，深耕耙平，保留10～20厘米水层备用。

（3）定植　3月下旬至4月中旬茭白苗高达40厘米时定植。行距100厘米，株距25厘米，单株定植。移栽后20天施尿素5～10千克，以后每隔15～20天施一次肥料，每次施尿素10千克、氯化钾10千克。全程以浅水管理为主。5～6月做好病虫害防治，去除杂株。7月上中旬割叶，留35～40厘米叶鞘，宽窄行种植，单株定植于大田。

两段育秧、起苗

4. 双季茭白节水灌溉栽培技术

在茭白生长过程中，植株需水量大，茭农仅凭经验灌溉水量，且多数长期灌深水，既造成水资源严重浪费，又易使茭白病虫害发生加重，出现严重的茭白连作障碍现象，不利于茭白高效安全生产。研究茭白节水灌溉栽培技术，有利于茭白产业可持续发展。浙江省农业科学院植物保护与微生物研究所与杭州市余杭区农业技术推广中心合作，通过系统研究，发现双季茭白秋茭在分蘖前中期、分蘖后期和孕茭期分别比传统灌溉减少1/3～1/2的水量，可以使茭白产量有所增加。进一步试验发现，在分蘖期灌溉水位4～5厘米时进行干湿交替灌溉，既减少用水量，又保证茭白产量不受影响，也能延长茭白的贮藏期。基于笔者节水灌溉技术研究和前人的研究结果，提出了双季茭白节水灌溉栽培技术。目前，双季茭白节水灌溉栽培技术已在浙江省桐乡市、杭州市余杭区、丽水市缙云县等茭白产区示范推广。主要技术要点如下。

（1）秋茭节水灌溉技术 7月中下旬定植前7～10天施基肥，每亩施腐熟农家肥2 000～2 500千克和过磷酸钙50千克，或商品有机肥500～900千克。翻耕20～30厘米土层，耙平，达到田平、泥烂。双季茭白种苗事先经过两段育苗后，挖墩分苗进行大田定植。每亩1 000～1 500墩，每墩1～2株，宜宽窄行定植，宽行行距100～120厘米，窄行行距60～80厘米，株距40～60厘米。定植后20天内保持水位8～10厘米，防止高温烧苗。8月上中旬茭白植株成活返青后，自然落干至茭白田表面出现细纹裂痕（称为"小搁田"），然后再灌水至4～5厘米深时施追肥，每亩施尿素5～8千克。8月中下旬茭白植株进入分蘖期后，小搁田与灌溉水位4～5厘米相间进行，隔7～10天小搁田一次，随即灌水一次，保持水位4～5厘米，交替循环，直至植株进入孕茭期。在植株定苗后，每亩施尿素10～15千克、复合肥15～20千克。期间，做好茭白病虫害防治工作。10月进入孕茭期后保持水位8～10厘米，并在孕茭初期施一次肥料，每亩施复合肥15～20千克。期间，慎用杀菌剂防治茭白病害，同时严格执行农药使用安全间隔期。11月进入茭白采收期间，田间水位自然降至4～5厘米，并保持该水位，直至茭白采收结束。12月上中旬茭白采收完毕后，自然落干或及时排干田间积水，进行适当搁田，1月保持田间水位2～3厘米。

（2）夏茭节水灌溉技术 2月至3月中旬保持田水湿润，疏苗删苗后保持2～3厘米水层，并施肥一次，每亩施尿素5～10千克；期间，若遇倒春寒，需要灌溉5～10厘米水层，以保护茭白苗不受冻害。3月下旬至4月下旬分蘖前中期控制2～3厘米的浅水层，分蘖后期控制10～15厘米水层。在出苗后及时间苗，除去游茭苗，并控制每亩有效分蘖苗18 000～24 000株。定苗后，每亩施尿素10～15千克、复合肥20～25千克，隔10～15天后视苗情决定是否再追施一次。5月植株生长进入孕茭期，继续保持水层10～15厘米；在孕茭初期施肥一次，每亩施复合肥25～30千克。期间，慎用杀菌剂防治茭白病害，同时严格执行农药使用安全间隔期。6月进入茭白采收期，应保持15～20厘米深水层，并在20％～30％的茭白采收后施肥一次，每亩施尿素5～10千克。

秋茭移栽至返青期灌溉

秋茭返青期开始小搁田

秋茭小搁田

夏茭节水灌溉试验

5.不同栽培模式茭白施肥技术

（1）不同栽培模式茭白施肥标准　目前，我国茭白栽培模式主要有高山单季茭白、单季茭白一年收两茬、露地双季茭白、大棚双季茭白等4种种植模式。浙江省农业科学院与缙云县农业局结合茭白田土壤肥力状态调查、茭白吸肥特性和茭白种植大户的高产稳产施肥经验,提出不同栽培模式茭白的施肥标准,但不同茭白产区的施肥标准因土壤肥力差异应有所不同。

①高山单季茭白栽培模式:每亩施肥总量(折纯)55～65千克,其中N用量30～35千克,P_2O_5用量10～12千克,K_2O用量15～18千克,基肥占总施肥量的40%,追肥占60%。

②单季茭白一年收两茬栽培模式:第一茬茭白,每亩施肥总量(折纯)50～55千克,其中N用量25～28千克,P_2O_5用量9～11千克,K_2O用量15～18千克,基肥占总施肥量的20%,追肥占80%。第二茬茭白,每亩施肥总量(折纯)35～40千克,其中N用量18～22千克,P_2O_5用量7～8千克,K_2O用量10～12千克,基肥占总施肥量的40%,追肥占60%。

③露地双季茭白栽培模式:秋茭,每亩施肥总量(折纯)45～50千克,其中N用量20～25千克,P_2O_5用量8～10千克,K_2O用量12～15千克,基肥占总施肥量的30%,追肥占70%。夏茭,每亩施肥总量(折纯)40～45千克,其中N用量20～23千克,P_2O_5用量8～9千克,K_2O用量11～13千克,基肥占总施肥量的40%,追肥占60%。

④大棚双季茭白栽培模式:夏茭,每亩施肥总量(折纯)45～50千克,其中N用量20～25千克,P_2O_5用量8～10千克,K_2O用量12～15千克,基肥占总施肥量的40%,追肥占60%。秋茭,同露地秋茭。

(2)茭白田常用肥料品种 适合茭白田的氮肥品种主要有尿素、碳酸氢铵、氯化铵等。碳酸氢铵易挥发损失,不提倡使用;硝态氮肥易流失,不宜在水田使用。适合茭白田的磷肥品种主要有过磷酸钙、钙镁磷肥等,过磷酸钙含磷量较低,还含有一定量的硫,对于缺镁的土壤,建议施用钙镁磷肥;适合茭白田的钾肥品种主要有氯化钾、硫酸钾,硫酸钾的成本比氯化钾高,还含有18%左右的硫,容易在水田中积累。磷酸二氢钾适合喷施，可作为补充手段用于追肥。硼砂和硫酸锌是传统的硼肥和锌肥。适合茭白田的有机肥品种主要有人畜粪便、鸡鸭粪、厩肥、堆肥、绿肥、秸秆、饼肥和商品有机肥等。应大力提倡使用有机肥料，减少化学肥料的使用量。据报道，每亩施用农家肥（厩肥、堆肥、人畜粪便、冬季绿肥春耕翻压、秸秆发酵物）1 500～2 000千克，或者施用商品有机肥（饼肥）400～500千克，或者施用鸡鸭粪肥500～600千克，可以减少化学氮肥、磷肥15%左右，减少钾肥20%～30%，硼、锌微量元素肥料减半或者不施。若每亩施用农家肥2 000千克以上，整个生育期可减少复合肥（15—15—15）35千克、尿素35千克、氯化钾12千克，硼、锌肥料减半。

适合茭白田的复合肥品种主要有通用型三元复合肥，如复合肥（45%）15—15—15、复合肥（48%）16—16—16、复合肥（51%）17—17—17、复合肥（54%）18—18—18和复合肥（40%）15—10—15等。

常用化学肥料、有机肥料品种及其主要养分含量表

化学肥料名称	主要养分含量	有机肥料名称	主要养分含量（有机肥中养分含量均以干基计）
尿素	N 46%	人畜粪便	N 0.3%～1.7%、P_2O_5 0.3%～1.7%、K_2O 0.1%～0.5%、有机质 0.2%～2%
碳酸氢铵	N 17%	鸡鸭粪	N 1.1%～1.6%、P_2O_5 1.4%～1.5%、K_2O 0.6%～0.9%、有机质 25%
氯化铵	N 25%	厩肥	N 0.5%、P_2O_5 0.2%～0.3%、K_2O 0.6%、有机质 25%
过磷酸钙	P_2O_5 12%	堆肥	N 0.5%、P_2O_5 0.2%～0.3%、K_2O 0.4%～2.7%、有机质 5%
钙镁磷肥	P_2O_5 18%	绿肥	N 0.5%、P_2O_5 0.1%～0.2%、K_2O 0.2%～0.5%、有机质 17%～18%
氯化钾	K_2O 60%	秸秆	N 0.5%、P_2O_5 0.2%～0.3%、K_2O 1.3%～3%

（续）

化学肥料名称	主要养分含量	有机肥料名称	主要养分含量 （有机肥中养分含量均以干基计）
硫酸钾	K_2O 50%	饼肥	N 2%～7%、P_2O_5 0.4%～1.6%、K_2O 1%～2%
磷酸二氢钾	P_2O_5 52% K_2O 34%	商品有机肥	NY 525—2012《有机肥料》规定有机质含量≥45%，总养分≥5%
磷酸一铵	P_2O_5 44% N 11%		
磷酸二铵	P_2O_5 46% N 18%		
硼砂	B 10%		
硫酸锌	Zn 35%		
复合肥(45%)	N 15%、P_2O_5 15%、K_2O 15%		
复合肥(48%)	N 16%、P_2O_5 16%、K_2O 16%		
复合肥(51%)	N 17%、P_2O_5 17%、K_2O 17%		
复合肥(54%)	N 18%、P_2O_5 18%、K_2O 18%		
复合肥(40%)	N 15%、P_2O_5 10%、K_2O 15%		
有机－无机复合肥	N∶P_2O_5∶K_2O=12∶5∶8，有机质≥20%		

注：①有机肥中养分含量以干基计算；②仅列出部分通用型复合肥种类。

（3）平衡施肥技术　在茭白生产中，茭农存在盲目施肥、过量施用氮肥现象，这不仅增加了生产成本，同时也是造成农业面源污染的主要原因之一，严重影响农业生态环境。

①首先要搞清当地茭白种植区土壤氮、磷、钾及有机质含量等，然后根据土壤养分状态和茭白自身需肥特性确定肥料的最佳配方。

常规施肥（左）、配方施肥（中）、配方施肥＋
氮肥（右）的茭白比较（朱徐燕　摄）

浙江省杭州市余杭区农业技术推广中心根据余杭区土壤养分状态，研制出的肥料配方为氮（N）：磷（P_2O_5）：钾（K_2O）=18：8：10，并添加微量元素硼的茭白专用肥料；浙江省丽水市缙云县、余姚市研制的肥料配方分别为10（N）：3.7（P_2O_5）：5.1（K_2O）和10（N）：4.8（P_2O_5）：6.0（K_2O）。

②再根据不同栽培模式茭白的施肥标准施基肥和追肥，追肥一般施用3～4次，分别在缓苗后至分蘖期（施少量肥），定苗后（施二次肥，每次间隔10～15天，施肥量提高）和孕茭初期（施肥量提高）。

6.高山单季茭白稳产高产栽培技术

高山单季茭白一般种植在海拔600米以上的山区。高山气温随海拔升高而降低，海拔每升高100米，气温下降0.4～0.6℃。利用高海拔（600米以上）区域夏季温度相对较低的优势种植单季茭，上市时间集中在7月下旬至8月下旬，此期低海拔地区或平原地区因高温难以孕茭，市场上茭白较少，因而种植高山茭白能获得较大的经济效益。主要栽培技术要点如下。

（1）种苗选择　适宜高山单季茭栽培的品种有美人茭、丽茭1号、金茭1号等，要求每年优选种株。在茭白采收期间，选定种苗后做好标记，在茭白采收结束后剪秆扦插或分墩种植育苗，待第二年春季移栽。

（2）合理密植　每亩移栽1 100～1 300丛，每丛种3～4株，行距1～1.1米，株距0.5～0.6米，每亩保证基本苗4 000株以上。

（3）适时移栽　在茭白采收结束后，9月下旬至10月下旬将种墩挖起分墩，剪取长度20～30厘米，扦插时，秆要露出水面，扦插后保持一层薄水，以促进成活。定植深度以老茎薹管入土为度，以晴天下午栽种为好。新植茭区因前茬作物未收获，一般先寄秧，待翌年3～4月苗高20厘米时再移栽定植。寄秧田作畦，宽1.2米，沟宽0.3米，寄秧密度行距50厘米，株距15厘米，可剪秆扦插或分株繁殖。翌年3月上中旬茭白移栽前10～15天，留种田施尿素5～10千克，促进秧苗早发，培育壮苗，一般清明前移栽，做到随挖、随分、随种。

（4）耘田除草剥黄叶病叶　4～6月耘田除草2～3次，第一次耘到植株基部，第二次耘田稍离植株，以免伤及根系，结合疏苗，剥黄叶、病虫叶。谷雨前后做好疏苗定苗，疏苗原则：去密留疏、去弱留壮、去内留外。一般谷雨以后长出的分蘖苗不再留用，及时剪掉。

（5）平衡施肥　施肥原则：施足基肥、早施追肥、巧施孕茭肥。基肥占总施肥量的40%左右，以有机肥为主，化肥为辅。亩施栏肥1 500千克，钾肥3千克，硼肥1.5千克。清明前施基肥，可促进茭白迅速生长。追肥宜早不宜迟，以促早发早孕茭。一般在4月下旬至5月上旬施追肥。追肥要根据苗长势而定。分蘖期施复合肥25千克，或尿素10千克+过磷酸钙10千克+氯化钾5千克。5月下旬开始施拔节肥，施肥量视苗势而定。孕茭肥要控制氮肥过量，一般亩施复合肥20千克。

（6）合理灌水　灌水原则：浅水移栽、深水活棵、浅水促蘖、适时露田、深水孕茭、湿润越冬。茭白萌芽生长期宜浅水，保持水层3～5厘米，以提高土温促进萌发。移栽和分蘖期仍保持浅水层，促进分蘖和生根。分蘖后期和孕茭前采取干湿管理，即5月底至6月初开始第一次搁田，搁至龟纹裂为止，主要促进根系生长，抑制无效分蘖。第二次搁田时间应在"出梅"前进行。7月中下旬至8月初灌深水，促进孕茭，保持水位20厘米左右，并定期换水，防止土壤缺氧而烂根。休眠期保持浅水或湿润状态越冬。

（7）主要病虫草害防治 尤其是茭白锈病、胡麻叶斑病、纹枯病、长绿飞虱防治。可用12.5%烯唑醇可湿性粉剂2 500～3 000倍液或20%腈菌唑乳油1 500倍液、15%井冈霉素A可溶性粉剂1 500～2 500倍液、45%咪鲜胺水乳剂1 000倍液、50%异菌脲可湿性粉剂800～1 000倍液、10%苯甲·丙环唑1 000～2 000倍液等药剂防治茭白病害，用25%噻嗪酮可湿性粉剂30～40克/亩或25%噻虫嗪水分散粒剂8～10克/亩，加水50千克喷雾，防治长绿飞虱。

（8）适时采收 采收标准为茭株孕茭部显著膨大，叶鞘一侧开裂，微露茭肉0.5～1.0厘米，及时采收。采收期一般在7月底至9月底。采收时在薹管中部拧断，不能伤及根系，以免影响第二年生长。

（9）越冬管理 秋茭采收结束后，在12月前要挖尽田中的雄茭、灰茭，并及时用优良的种墩补上，这是茭白冬管中一条主要措施。在12月割除老叶行，割下的枯叶集中处理，以降低病虫基数。选择好春季定植的新茭种苗是冬管中另一项主要工作。

高山单季茭白生产基地

7. 单季茭白一年收两茬栽培技术

过去单季茭白的种植模式是一年收获一茬，产量低，上市集中，收益不理想。单季茭白一年收两茬模式是浙江省丽水市缙云县首创的种植新模式，即通过提前栽植、喷施叶面肥和敌磺钠，将单季茭白采收时间提早至6月中旬至7月上旬，第一茬茭白采收后，补齐茭墩、加强肥水，在9月下旬10月上旬又可采收第二茬茭白，平均亩产4 000千克左右，每亩产值9 000元左右。该模式改变了单季茭一年只能采收一茬的传统认识，为茭白孕茭机理的研究提供了新的思路。以单季茭白一年收两茬技术为核心的"茭白多模式发展关键技术研究和示范应用"成果，2015年获浙江省科学技术奖三等奖。主要栽培技术要点如下。

（1）第一茬茭白栽培技术

①种苗选择：茭白品种选用单季品种，如美人茭、丽茭1号、金茭1号。在当年9月中下旬茭白采收后，马上收割茭白母秆，母秆长度以30～35厘米为宜，割母秆以泥面下2～3厘米、带有1～2个须根为宜，以便提高茭苗成活率。如到外地采购茭白母秆，要做好寄秧田。

②寄秧：在割母秆前做好秧田，秧田畦面宽1.2米左右，水沟宽30厘米，以便苗期操作。寄秧方式以斜插或平栽为好，可提高茭秆成活率和发芽数。斜插角度以45°左右为宜，平铺育苗秧板硬度以能陷脚为宜，将母秆的叶鞘全部剥掉，陷入秧板泥平面即可，寄秧后保持畦面无水，水沟有水，等秧苗抽出泥面再灌水上秧板。

③移栽：一般在10月移栽，最迟不能超过11月中旬。宽窄行种植，宽行80厘米，窄行40厘米，株距30厘米，每亩栽植2 800～3 400丛。

④田间管理：3～4月间苗，前期间苗留好基本苗，后期间掉分蘖苗，确保每丛留5～7株，每亩有效苗18万～20万株。种植前每亩施用有机肥1 000千克、碳酸氢铵50千克、磷肥25千克作基肥。追

肥应掌握少量多次的原则，前期略少，中后期略多。同时结合病虫害防治施用磷酸二氢钾、802、氨基酸、敌磺钠进行调节，每隔10～15天叶面喷施一次。水浆管理前期浅水促早发，植株分蘖数达到要求时及时搁田。在5月初排灌方便的田块可搁到田不陷脚，有细裂缝为止。在茭白生长后期灌溉方便的田块水可边进边出。在孕茭期间灌深水，以降低温度促进茭白孕茭，提高茭白品质；在采收期应以浅水为宜。同时做好茭白锈病、胡麻叶斑病、螟虫和长绿飞虱的防治工作。

⑤采收：6月上中旬开始采收，6月底或7月初采收结束。采收期间田间应保持浅水，田间操作时尽量不要使泥水溅到已采收茭白的茭秆截面上，否则易导致两茬不能抽生新株。

（2）第二茬茭白栽培技术

①清理田园：第二茬管理主要是清洁田园、补茭墩、重施肥料。

第一茬茭白种植、田间管理、采收

在第一茬茭白收获完毕后，立即清理茭白病株、雄茭、灰茭植株和采收后的茭白残株。操作时以浅水为宜。

②田间管理：清理完毕后马上施肥，亩用茭白专用肥75千克左右或碳酸氢铵50千克+过磷酸钙25千克撒施。施肥时保持2～3厘米水层。待茭白苗生长整齐时，每亩施复合肥30～40千克或尿素25～30千克，撒施。期间，做好茭白虫害的防治。

③采收：第二茬茭白的采收时间一般在9月下旬至10月初，采收时间过迟因气温下降会影响到翌年第一茬茭白移栽成活。

第二茬茭白清洁田园、田间管理

8. 单季茭白割叶延后采收技术

利用中高海拔地区夏季气温相对较低的优势种植单季茭白，采茭期集中在7月中旬至9月上旬，此期低海拔地区因高温难以孕茭，市场上茭白少，售价高，种植效益好。但随着高山单季茭白种植面积的扩大，高海拔山区茭白的上市集中期明显，价格优势正逐渐丧失，效益下降。为此，部分高海拔茭白产区正在探索单季茭白生长前期割叶延后采收技术，既能减轻茭白病虫发生，又能使茭白采收期延迟，达到错时上市，实现茭白收益最大值，一举两得。但技术含量高，需要事先非常清楚当地一年四季的气候条件和当地茭白品种的生长规律，了解割除茭白植株的时间迟早，否则会直接影响到茭白的采收时间。目前，单季茭白割叶再生栽培技术已在浙江省缙云县昊禾茭白专业合作社、浙江省丽水市昊山峰高山果蔬专业合作社等茭白生产基地进行示范推广。主要栽培技术要点如下。

（1）栽培品种　以美人茭、金茭1号、丽茭1号等优质高产早中熟单季品种为宜。

（2）种植时间、密度　上年10月或当年3月中旬种植，单本插，每亩种植1 800墩（3 600株）左右，株距40厘米，行距80厘米。

（3）割叶处理　一般距离秋茭采收期90～95天（若在当年春季种植，割叶时间约在种植后40～50天）割叶，平原地区5月底左右，海拔越高的地区，割叶时间相应提前，如海拔400米割叶时间提早到5月中旬，茭白植株生长至1.2米时，离地面15～20厘米处割除茭白所有地上部植株，注意植株截面要高于茭田水面，以免植株浸水腐烂死亡。

（4）田间管理　4月上旬，每亩施尿素10千克起苗肥。割叶后及时追肥，浅水促蘖，培养大分蘖，每亩可施尿素8～10千克，以后每隔15天施用一次，共施2～3次，平原地区6月15日左右施一次三元复合肥（如史丹利复合肥，规格N—P—K为16—16—16）20千克，7月初再施复合肥40千克，8月下旬开始孕茭，此时施一次孕茭肥，每亩施复合肥40千克，9月中旬开始采收。

由于6～7月气温较高，植株生长较快，割叶后30～40天株高就能达到正常高度，割叶后的植株恢复自然高度后，只要气温适合即可马上进入孕茭，可根据市场需要合理安排割叶时间。

单季茭白种植、植株割叶

9. 双季茭白割叶延后采收技术

研究发现，移栽后30天、45天割除茭白种茎，可以提高茭白有效分蘖数、增加壳茭质量、改善茭白商品性、促进增产增收，但割除时间过早，分蘖数量过多，不利于培育大分蘖，达不到预期的增产目的。主要栽培技术要点如下。

双季茭白植株割叶

（1）栽培品种

选择产量高、品质好的浙茭2号、浙茭3号、浙茭6号、龙茭2号等双季茭白品种，7月上中旬移栽，移栽前施足基肥、增施有机肥，促进茭白分蘖生长。

（2）割叶时间

移栽后30～40天植株生长至3～5个分蘖时，离地面15～20厘米处割除茭白所有地上部植株。

（3）田间管理

割除植株后加强肥水管理，促进茭白生长，当每墩茭白有效分蘖数达8～10个时，及时搁田控蘖。进入孕茭期及时施孕茭肥。期间，做好病虫害防治工作。

10. 双季茭白设施栽培技术

设施栽培具有4大优势：①上市早。棚栽夏茭3月上旬至5月中上旬上市，比露地栽培茭白上市提早一个月以上；大棚>中棚>小拱棚。②产量高，价格高。棚栽茭白夏茭产量提高20%以上，大棚>中棚>小拱棚。因上市时间早，销售价格比常规栽培提高一倍以上。③品质优。棚栽茭白肉质白净细嫩，不易变青，商品性佳，市场竞争力强。氨基酸总量、粗纤维含量等指标明显优于露地茭白。④适种范围广。棚栽茭白培土护茭代替灌深水护茭，减少了茭田受蓄水能力的限制，扩大了适种范围。

棚栽茭白类型：栽培双季茭的棚室可分为大棚、中棚、小拱棚3种。大棚成本较高，但保温效果较好，操作方便，一般采用标准钢管蔬菜大棚；中、小棚成本相对较低，但田间操作不便。大棚薄膜应选择透光率高、保温性强、抗张力、抗农药、抗化肥力强的无滴、无毒、重量轻的透明薄膜。①小拱棚：由小竹竿或毛竹片构成，根据茭白的种植方式和茭白生长的特点，小棚的宽度和拱高：茭白宽窄行栽培，宽行1.2米，窄行0.8米，窄行种2行，株距0.3～0.4米，盖2行的棚宽1.5～1.8米，盖4行的棚宽3.0～3.6米，拱高1.1～1.3米。小棚设施栽培成本低，管理较繁，寒冷的夜晚要注意多层覆盖。②中棚：中棚宽度4～6米，高度1.6～1.8米。一般能覆盖4～6行。中棚内早期还可设小棚，更利于增温和提前成熟。③大棚：分单栋大棚和连栋大棚，单栋大棚宽8米，高2.0～2.5米；连栋一般以3连栋为多，建筑材料多为涂锌钢管，具有良好保温性，操作也方便。大棚内通过中棚、小棚进行多层覆盖，以提早成熟。目前，在我国大多数双季茭白产区，有的地方采用大中棚栽培，有的地方采用小拱棚栽培。

（1）双季茭白大（中）棚栽培技术

搭棚保温：12月中旬齐泥割除地上部分枯枝残叶，集中处理。12月中旬前搭建完成拱棚。大棚盖膜时间以12月中旬至翌年1月上旬为宜。先割除茭白地上部枯枝后搭棚盖膜，棚膜四周用泥土压实。平时气温合适要两头通风，天气晴好、棚内温度超过32℃时要揭去边膜和两头膜通风换气，碰到连续阴雨天气也要通风。低于25℃需要盖膜保温。一般清明前后全部揭膜。

间苗中耕：3月初气温开始回升，茭白植株生长快，在苗高30～40厘米时要进行棚内间苗，每墩留足壮苗20株左右，间苗时结合耘田除草，提高土壤透气性。用土块压中间弱苗、嫩苗。在茭白封行前剥除老黄叶一次。

肥水管理：间苗后及时施壮秆肥，亩施复合肥25～30千克，在茭白扁秆孕茭时，施孕茭肥一次，亩施尿素5～6千克。分蘖前中期保持浅水层，孕茭期保持高水层。

窝泥护茭：要分株分次进行，每墩看到一株孕茭窝一株，并随着茭白不断膨大伸长不断窝泥，一般窝泥高度15～20厘米，每次窝泥要稍高于基部明显膨大部位，不能超过茭白眼。

病虫害防治：重点是做好茭白锈病、胡麻叶斑病的防治工作。具体详见第五部分内容。

及时采收：当孕茭部位明显膨大，叶鞘一侧被肉质茎挤开，露出1.0～1.5厘米宽的缝隙，及时采收。采收后宜用冷凉水（如井水、溪水）浸泡4～6小时降温保鲜。

搭建大棚及棚栽茭白生长

（2）双季茭白小拱棚栽培技术

小拱棚栽培与大中棚栽培相比，具有成本低、农事操作简单、农民容易接受等特点，同时还可以达到大中棚栽培同样的目的。主要栽培技术要点如下。

清理茭田，施足基肥：12月中旬齐泥割除地上部分枯枝残叶，集中处理。在搭棚前2～3天灌好浅水，每亩施茭白有机专用肥120～150千克，或腐熟有机肥1 000～1 500千克，或进口复合肥（15—15—15）50千克。

搭棚保温，精心管理：棚架竹片长3米，宽5厘米，薄膜选用0.025毫米、2.8米宽幅，于12月中旬至1月上旬前搭成宽1.5米、竹片间隔1米左右、弓高0.8米的拱棚。年内以密封保温为主，开春后气温变化剧烈，要勤检查，防风揭膜，同时开沟排水，防止外面冷水直接进入棚内而降低棚内温度。2月底、3月初气温开始回升后，晴天中午适时揭膜，通风炼苗，防止高温灼苗。4月上旬视气温可陆续揭膜，如遇冷空气，需及时盖膜。

间苗定苗，巧施追肥：2月底或3月上旬揭膜炼苗，株高约35～50厘米时进行棚内删苗，每墩留足壮苗20株左右。3月中旬施壮蘖肥，一般每亩施进口复合肥25～30千克，以后不再施孕茭肥。

窝泥护茭，及时采收：3月底、4月初开始窝泥护茭，逐步加高高度，当茭株心叶收缩、左右两外叶叶枕收缩到相平时即可采收。

搭建小拱棚及小拱棚茭白生长

11. 双季茭白大棚+地膜双膜覆盖早熟栽培技术

随着双季茭白新品种的不断育成和推广应用,从初夏到晚秋都有大量茭白上市,生产旺季往往供大于求,唯独春季供不应求。为了提早上市时间,提高茭白种植的效益,双季茭白夏茭多采用设施种植(棚栽)。但由于各地采用棚栽后造成双季茭白夏茭集中上市,导致茭白价格下跌,经济效益下降。为此,浙江省桐乡市董家茭白专业合作社正在试种大棚茭白地膜覆盖栽培技术,使夏茭采收期比大棚种植的采收期提前7~10天,比常规露地栽培提早25~30天,效益增加1倍以上;2016年桐乡市大棚茭白地膜覆盖栽培茭白面积达到4 200亩,茭白4月10日上市,5月16日采收结束,每亩1 750千克,产值11 200元,而且缓和了与露地茭白争夺劳力的矛盾。主要栽培技术要点如下。

(1)选择适宜品种 选择生长势较强、抗性好(耐低温、耐湿、抗病强)、丰产稳产的双季茭白品种,如龙茭2号、浙茭2号等。

(2)搭建大棚 大棚标准为6米或8米钢管大棚,中立柱高2.3米以上,档间距60~70厘米,搭建长度一般为60~70米,棚间距1.5米,南北走向为宜。也可按照田间宽度设计田埂,这样可以提高大棚钢管使用寿命,提高保温效果,方便操作。

（3）加强秋茭采后管理，培育健壮根系　在11月底至12月初秋茭采收后期至结束时，施用进口复合肥10～15千克/亩，以防止早衰，促进茎秆粗壮，根系发达，以便翌年早发；不宜过早割除枯茭叶，至少在12月上旬前保持茭墩残株青绿，以促进茭墩根系养分积累，防止越冬期茭墩受冻，以免影响翌年茭墩出苗，使得翌年出苗早而粗壮。

（4）防病治虫，堆放枯枝叶　秋茭采收结束后立即排干积水，搁田，并做好防治锈病工作，用12.5%烯唑醇2 000～2 500倍喷雾。大棚扣膜前3～5天割除枯茭株，于12月中下旬植株枯死后齐泥割去地上部分，为方便操作和节约成本，将秋茭枯叶齐地割起后堆放在茭白行间备用，作为地膜的支撑架。

（5）适时覆盖地膜，促进茭白早发　覆盖地膜前田间保持湿润，以促进茭白根系提早萌动，12月底扣棚，大棚内开好丰产沟，以提高土壤温度。大棚膜采用6毫米无滴长寿膜，地膜采用1.5毫米无滴膜，地膜是贴着枯茭叶覆盖，两端拉紧以防止薄膜贴苗。由于地膜覆盖离地不到20厘米，茭白苗的空间较小，出苗后叶片长时间顶着地膜容易烂叶，因此地膜覆盖时间要严格把控，过短达不到提早生长效果，过长则因抗性减弱而死苗，并经常观察膜内出苗及生长情况，以苗高20～25厘米揭膜为宜，一般地膜覆盖时间控制在30天左右，此间气温相对较低，一般以全封闭为主，当天气晴好大棚内温度≥35℃时，开启大棚裙膜调节棚内温度。

选择晴天揭去地膜，因在地膜内长时间光照不足，秧苗虚弱，需要进行1～2天炼苗，同时防止因环境（湿度下降）迅速改变而伤苗，揭去地膜后及时灌薄水护苗，逐渐增加大棚内通风量，两天以后施薄肥，以尿素为主，7～10千克/亩。如有倒春寒影响，可采用灌水护苗，保持水体温度，待寒潮过后再放水。

（6）加强大棚管理，促进茭白健苗　在大棚地膜双膜覆盖下，地膜内的高温高湿环境促进根系萌动，出苗快但虚弱徒长，营养不良，地膜揭去后须加强管理，降低大棚内湿度，消除雾气，保持叶片干燥，增加光合作用，一般天气在上午9：30开始通风降湿，通风多为大棚两边交错开气窗，下午4：00左右进行扣棚保温。当大棚内温度达到35℃以上，易产生烧苗，需加大通风降温；碰到连续阴雨天也要开窗通风，有利壮苗，防止徒长，减少无效小苗，提高孕茭率。大棚揭膜前3天进行炼苗，4月10日前揭去大棚膜。此时双膜覆盖栽培的茭白已经采收1～2批，单层覆盖在4月中旬前后揭去大棚膜，4月下旬开始采收。

（7）薄肥勤施，及时定苗，培育壮苗　分期分批施肥，地膜揭去后迅速灌水，两天后首次施尿素7～10千克，其后分4次放入。每亩施肥量：腐熟生物有机肥500千克，进口复合肥75千克，尿素75千克。末次施肥须在3月10日前结束。选择晴好天气进行施肥，做到薄肥勤施，施后在晚间开窗通气，防止氨气烧苗，并灌薄水5厘米，3天以后氨气基本散尽后才能在晚上完全扣棚。间苗分两次进行，第一次在2月初，当苗高长至30～40厘米进行，第二次在2月中旬定苗，每墩保留秧苗18～20株壮苗，并在茭墩内嵌土、培土，以增加营养和空间，同时将行间枯茭叶揿入土中作为有机肥，培土高度不能超过叶枕（即茭白眼）。

（8）适时搁田，促壮防病　平时多通风降湿，以提高茭白植株的抗逆性。大棚栽培茭白生长比较瘦弱，易感胡麻叶斑病、锈病，控制大棚内湿度是防病的基础。在第二次定苗培土后须进行一次搁田以促进扎根，以后采用干湿管理，即适当搁田与灌水相间进行。2月下旬孕茭前，用12.5%烯唑醇WP 2 500～3 000倍液喷雾防病，孕茭期间禁止使用农药。

（9）根外追肥，提高品质　大棚茭白营养生长期短，孕茭期集中，个体间争夺养分，因此除常规施肥外，还需要进行两次根外追肥，第一次在2月中旬第二次间苗结束后（约4～5叶1心期）施用，3月10日前后喷施孕茭调节剂与营养液，营养液以微量元素肥料＋氨基酸类为主，营养液须在上午10时露水干后或下午3时以后施用。第二次在茭白植株70%左右孕茭时（3月下旬）施用，每亩施用进口复合肥20千克。

（10）适时采收夏茭　叶鞘略有裂缝，茭白肉露出1～2厘米时及时采收。夏茭采收时，由于高温高湿，要求在早晚采收，采收时连根拔起。收获的茭白须放置在阴凉处，以防止发热变质。第二批采收后，看田薄肥勤施。采收期水位增至20～30厘米，并留养浮萍，以保持茭体洁白。

茭白大棚＋地膜双膜覆盖方法

茭白大棚＋地膜双膜覆盖茭白不同生长时期

12. 植物生长调节剂调节茭白采收期技术

目前，在茭白上使用的植物生长调节剂主要是极多产、极多菁、壳聚糖、芸薹素内酯、复硝酚钠等。极多产主要由高纯度低分子量几丁聚糖和柠檬酸等科学配伍而成，是一种生物激活剂，具有增强植物免疫能力、促进早熟增产、有效降低农药残留的作用。极多菁有效成分为 NO_3^-、NH_2^{2-}、SO_2^{4-}、H_3BO_3、Mg^{3+}、Zn^{2+}、Cu^{2+} 等，主要功效为迅速补充植物所需的养分，促进植物正常生长。施用极多产和极多菁后，茭白植株抗病能力增强，茭白采收期提早 7～10 天，产量增加 15% 以上。使用极多产、极多菁及其混合液增产的原因可能与茭白经济性状的增加有关。壳聚糖是几丁质在强碱作用下脱乙酰基转化而成的产物，是几丁质的主要衍生物。使用壳聚糖能增加单季茭白和双季茭白植株的有效分蘖数，提高茭白产量，尤以壳聚糖和极多菁在茭白分蘖盛期配合使用产量增加最多。芸薹素是一类多效性固醇类植物激素，芸薹素内酯是从油菜花粉中提取出的一种天然甾醇内酯化合物，目前市场上产品有云大 - 120、天丰素、益丰素等，对人、畜和鱼类低毒。复硝酚钠是由邻硝基苯酚钠、对硝基苯酚钠和 5 - 硝基愈创木酚钠等混配而成，商品名为爱多收（Atonik），产品剂型为 1.8% 复硝酚钠水剂。主要技术要点如下。

（1）极多产、极多菁　无论夏茭还是秋茭，在茭白孕茭初期，使用极多产和极多青增产效果明显，尤其是喷一次极多产 400～500 倍液，隔天再喷一次极多青 400～500 倍液组合，或这两种成分 500 倍液 1：1 混合的效果最佳。并发现增产的原因是促进茭白形成有效分蘖、促进茭白肉横向生长以及单茭质量增加。

（2）壳聚糖　壳聚糖对单季茭和双季茭的有效分蘖数都有增加作用，可明显提高茭白产量。在茭白分蘖盛期喷施 30～45 毫克/升浓度的壳聚糖，或者该浓度范围下的壳聚糖与 45 毫克/升浓度的极多菁配合使用（隔日或混用）后产量增加最显著。

（3）芸薹素内酯、爱多收　喷施爱多收和芸薹素能提高茭白结茭率、增加有效苗数，从而提高茭白产量，并使茭白结茭时间提早4～5天。建议茭白孕茭前15～30天使用爱多收3000倍液或爱多收与芸薹素（1∶1）5000倍液，隔7天后再喷一次。

植物生长调节剂田间试验

13. 茭白施用沼液高产优质栽培技术

畜禽养殖场粪污废水经沼气工程处理后产生的沼液，其化学需氧量（COD）、氮、磷等含量仍明显高于国家相应的排放标准，大量沼液违规排放已成为我国农村水体环境主要污染源之一。土壤消解是目前被认为最经济有效的污水处理方法。已有研究证实了茭白对沼液的消解净化作用，每公顷茭白整个生育期可消化净化约7500吨沼液。沼液的基本营养成分为全氮500.7毫克/千克、全磷115.5毫克/千克、全钾422.8毫克/千克，pH 7.6，铜（Cu）、锌（Zn）、铅（Pb）、铬（Cd）等重金属含量符合国家标准。

浙江省茭白产业快速发展，除了品种更新、栽培技术改进外，还与基肥增施有机肥有关。偏施化肥的茭白种植户经常因为前期长势较差而多次追施化肥，导致肥害。茭白田灌溉沼液作为基肥，不仅有效缓解养殖场废弃物排放的压力，而且可以满足茭白植株对养分的需求，促进缓苗早、分蘖粗壮、病虫危害少、茭白品质和产量同步提升。浙江省农业科学院在兰溪市黄店镇八井村的试验获得成功，发现每亩施用沼液量28～84吨处理，产量比施用全化肥处理的提高8.72%～14.95%，并与兰溪市农业局、金华市农业科学院在兰溪市水亭乡生态循环示范区建成一个10亩左右的双季茭白沼液种植示范基地。浙江省奉化市尚田镇茭白种植户袁忠权也利用当地养猪场的沼液成功种植茭白。目前，茭白灌溉沼液高产种植技术已在浙江金华兰溪、宁波奉化、福州罗源县等地试验示范。主要栽培技术要点如下。

（1）沼液选择　选用管理规范的规模养殖场沼液和发酵时间长、完全腐熟和正常使用的沼气池内的发酵液。

（2）加固田块　检查四周田埂，确保灌溉沼液后田水不外流。

（3）施用时间　沼液一般作为基肥施用，通常在茭白种植前一周每亩施用腐熟沼液20～30吨，翻耕备用。

（4）田间管理　在茭白生长期间，视植株长势情况对长势差的田块灌溉沼液，田里必须保留5～10厘米水层，严禁缺水田块灌溉沼液；对于长势过旺的田块应适时搁田，促进植株孕茭。期间，做好茭白主要病虫害防治工作。

现代养猪场及其污水处理池

茭白田灌溉沼液

施用沼液后茭白长势

14.滨海盐碱地茭白高产栽培技术

我国东南沿海一带有许多盐碱地，作物适种性差，土地荒芜严重，为了加快盐碱地开发利用，提高土地资源利用率，浙江省慈溪市农业技术人员通过盐碱地进行土壤改良后试种秋季茭白获得成功，产量达到1 350～1 500千克/亩。主要栽培技术如下。

（1）田块改良

①深耕晒垡：选择水源充足、排灌方便的田块，种植前10天深耕，深度25～30厘米，四周开好围沟，中间开十字沟，沟宽40厘米、深30厘米，深耕后土壤暴晒2～3天，通过夏季高温水分蒸发将土壤下层盐分带到表层，利于洗掉耕层盐分。

②灌水洗盐：对经过深耕晒垡后的田块灌深水洗盐，第一次灌水后浸泡一昼夜，于次日上午将田水排干，旁晚再灌水浸泡1～2天后排干。采取日灌夜排的方式，轮换2～3次，使耕作层中盐分被带走，达到洗盐、排盐、淡化耕层的效果。

③施足基肥：对洗盐后的茭白田，在种植前3天施好基肥，进行耕耙，盐碱地肥力贫瘠，应当增加基肥施用量，施用充分发酵腐熟的农家肥3 500～4 000千克/亩，施后进行1～2次耕田，耕后耙平，做到肥泥融合，田平泥烂，利于根系生长。

（2）品种选择　选择适宜秋季种植、适应性好、分蘖力强、熟性早的双季茭白品种，如浙茭2号、浙茭3号等。

（3）合理密植，适时种植 采用宽窄行种植，宽行100～110厘米，窄行70～80厘米，株距40～50厘米，每丛1株，保证每株有效分蘖数12～16个。采用两段育秧育苗，7月上中旬种植。

（4）田间管理

①追施肥料：茭白追肥采用"促、控、促"方法，第一次在移栽后10～15天（返青期），施尿素7～10千克/亩提苗；第二次在移栽后30～35天（分蘖盛期）施尿素7～8千克/亩，过磷酸钙40～50千克/亩；第三次在9月上中旬（孕茭初期）施复合肥40～50/亩；第四次当10%～15%茭白采收后，视叶色巧施催茭肥，施尿素5千克/亩，复合肥15千克/亩；若叶色浓绿可以不施。

②水分管理：茭田水分管理掌握"浅—深—浅—露—深—浅"的原则，插苗时浅水，插后至返青灌深水，8月下旬茭白植株进入分蘖期后小搁田与灌溉水层4～5厘米相间进行，隔7～10天小搁田一次，随即灌水一次，保持水层4～5厘米，交替循环，控制无效分蘖，增加土壤通气性，直至植株进入孕茭期。孕茭时深水护茭，但灌水深度不超过茭白眼；采茭结束后浅水活根，促进茭白地上部营养回流至地下部。

③除草间苗：从定植成活后开始至封行前，每隔15天左右耘田除草一次，一般进行2～3次，第一次耘田除草时结合施肥补苗。生长期间做好间苗删苗、剥除枯黄病叶等工作。

④病虫害防治：主要做好茭白锈病、胡麻叶斑病、二化螟、长绿飞虱等主要病虫害的防治工作。具体防治方法详见第五部分内容。

（5）适时采收 采收时间在10月中下旬开始，一直延续到11月底，一般每隔2～3天采收一次。采收时先折断茎管，连同上部叶片一起采收，保留外部叶鞘1～2叶。

三、茭白田高效种养模式

茭白田养殖利用茭白宽行种植的优势，达到既保持茭白的实种面积，充分利用茭白田空间和水面进行养殖，通过动物取食病虫草害等有害生物，减少农药使用量。同时，茭白田养殖产生的动物残饵及粪便也是很好的有机肥料，促进茭白生长，产量增加10%以上，经济、社会和生态效益显著。目前可供套养的经济动物有鸭、鱼、龟、鳖、虾、蟹、鳝、鳅、蛙等。

茭白田套养动物可分为单一养殖和多种养殖两类。单一养殖通常是在茭白田中养殖单一种类的水生经济动物，多种养殖是在茭白田中养殖两种或两种以上种类的水生经济动物。目前，茭白田套养动物的种养结合模式有16种，如茭白田套养一种动物生态种养模式：茭白田套养龟或鳖、茭白田套养鱼类、茭白田套养虾蟹、茭白田套养鸭、茭白田套养蛙、茭白田套养泥鳅、茭白田套养黄鳝、茭白田套养田螺；茭白田套养两种动物生态种养模式：茭白田套养泥鳅和鸭、茭白田套养鱼和鸭、茭白田套养鱼和蛙、茭白田套养泥鳅和黄鳝；茭白田套养三种动物生态种养模式：茭白田套养鱼、蛙和鳝，茭白田套养鲤鱼、草鱼和泥鳅等。

目前，可供茭白田养殖的经济动物种类很多，包括鱼类（如鲤鱼、草鱼、鲢鱼、鳙鱼、鲫鱼、罗非鱼、彭泽鲫、禾花鱼等温水性鱼）、虾蟹类（青虾、克氏螯虾、罗氏沼虾、中华绒螯蟹等）、龟鳖类（乌龟、黄喉水龟、七彩龟、鳄龟、九彩龟、银钱龟、中华鳖等水栖龟类）、泥鳅类[真泥鳅（泥鳅）、中华沙鳅（钢鳅）、深黄大斑鳅和金黄色小斑鳅]、蛙类（牛蛙、棘胸蛙、石蛙、林蛙、美国青蛙、泰国青蛙等）、鸭类（北京鸭、瘤头鸭、番鸭、麻鸭、金定鸭）。

茭白田套养动物需要注意的共性问题：①田埂要加宽加高加固，设置防逃设施。茭白田放养鱼类、蛙类、鳅鳝、龟鳖类和中华绒螯蟹等，需要加宽加高加固田埂，并在田埂上设置水泥板、石棉瓦或钙塑板，修建排水口及防逃设施；放养鸭类需要在田埂上设置围栏或围网，因而放养这些动物成本相对较高。茭白田养鱼类、蛙类、鳅鳝、龟鳖类和中华绒螯蟹等动物时，宜在春季定植的茭白田进行，夏秋季定植的双季茭因秋茭田季节短，不适宜放养上述这些动物。②考虑茭白生长时期与动物放养时间的关系。茭白田养殖一种动物时必须考虑茭白生长时期与动物放养时间的关系，如茭白田养鸭时间必须在茭白移栽一个月后放鸭，茭白孕茭60%时收回鸭子，否则鸭子会取食茭白小分蘖或影响茭白孕茭膨大；茭白田养殖多种动物时必须考虑与不同种类经济动物间的关系，调整各种动物的放养时间。例如茭白田鱼鸭共养必须在鱼苗长到一定的程度时才可以放养鸭子，或者放养个体较大的鱼苗，否则鱼苗就会被鸭子所取食。③茭白田、放养动物消毒处理。茭白田在放养动物前7~14天用75~100千克生石灰或5~10千克茶籽饼、漂白粉消毒；鸭子注射鸭瘟、流感疫苗，龟鳖鳅鳝虾蟹用0.01%高锰酸钾或3%~5%盐水浸泡消毒。④科学施肥，防治病虫害。茭白田养殖动物时，施肥应以基肥为主，追肥为辅；以腐熟的有机肥为主，无机肥为辅。尽量使用农业防治、物理防治和生物防治等非化学农药措施，必要时选择环境友好型高效低毒农药进行喷雾施药。

研究报道的茭白田与经济动物生态种养高效模式

序号	种养模式	茬口安排
1	茭白—甲鱼（龟）套养模式	茭白3月下旬至4月初种植，4~5月选用晴天放养甲鱼（龟），6月上中旬采收夏茭，10中下旬至11月上旬采收秋茭，11~12月捕捞甲鱼（龟）。
2	单季茭白—鱼套养模式	茭白上年11月中旬前移栽，翌年3月中旬定植，田鱼3月下旬放养，8~9月采收茭白，10月捕捞鱼。

三、茭白田高效种养模式

（续）

序号	种养模式	茬口安排
3	双季茭白—鱼套养模式	茭白上年11月中旬前或翌年3月下旬至4月上旬移栽，定植后5～7天消毒后放养鱼苗；5月中旬至6月中旬采收夏茭，9月中旬至10月上旬采收秋茭，10月底捕捞鱼。
4	茭白—河蟹套养模式	茭白4月上旬前移栽，移栽成活后即可放养幼蟹，9月中下旬捕捞，10～11月采收茭白。
5	茭白—虾套养模式	茭白上年11月下旬或翌年3月底前宽窄行移栽，6～7月和10～11月采收；放虾时间为4～5月（春季）、7～8月（夏季）、9～10月（秋季），常年捕捞。
6	茭白—鸭套养模式	单季茭白3月中旬开始定植，8～9月采收；双季茭白7月上中旬移栽，10～11月采收；茭白移栽一个月后放鸭，孕茭60%时赶回鸭子。
7	茭白—蛙套养模式	茭白3月至4月上旬移栽，6月采收梅茭，10月中下旬采收秋茭；茭白移栽后一个月投放蛙，12月至翌年初捕获青蛙。
8	茭白—泥鳅套养模式	茭白3月至4月初移栽，8～10天后放养泥鳅，7月上旬至10月茭白采收结束。
9	茭白—黄鳝套养模式	茭白4月上中旬前移栽，5月投放鳝苗，9月下旬至10月上中旬采收，10月下旬至11月中旬捕捞黄鳝。
10	茭白—田螺套养模式	茭白11月上旬或翌年3月下旬前宽窄行移栽，田螺3月下旬至4月上旬投放。
11	茭白—泥鳅—鸭种养模式	茭白3月至4月初移栽，8～10天后放养泥鳅，5月中旬投放鸭苗，孕茭60%时赶回鸭子，9～10月采收茭白，11月起捕泥鳅。
12	茭白—鱼—鸭种养模式	茭白宽窄行种植，上年9月中下旬栽培，翌年3月下旬前定植，7～8月采收；鱼苗2～3月投放，鸭苗5月中旬投放，孕茭60%时赶回鸭子。
13	茭白—鱼—蛙种养模式	茭白3月底至5月上旬分墩定植，9月中下旬采收；茭白移栽后一个月投放田鱼和蛙，10月上旬电捕田鱼，12月至翌年初捕获青蛙。
14	茭白—泥鳅—黄鳝种养模式	茭白3月底至5月上旬分墩定植，8～10天后放养泥鳅，6月采收梅茭，10月中下旬采收秋茭，9～11月起捕泥鳅和黄鳝。

（续）

序号	种养模式	茬口安排
15	茭白—鱼—蛙－鳝种养模式	茭白3月至4月初移栽，6月放鱼苗和蛙，9月采收，10月上旬捕鱼，年底或次年年初捕青蛙。
16	茭白—鲤鱼—草鱼—泥鳅种养模式	茭白3月至4月初移栽，6月放鱼苗和泥鳅，9～10月采收，11～12月捕鱼和泥鳅。

　　茭白田种养结合模式主要集中在浙江、江苏等省的茭白主产区，少数在上海、福建、江西、安徽、广西等茭白产区。在茭白田套养动物模式中，推广面积大、经济效益高或者推广前景广阔的模式有：茭白田套养中华鳖模式、茭白田养鸭模式、茭白田套养鲤鱼模式、茭白田套养泥鳅模式、茭白田套养克氏原螯虾模式等。

1. 茭白田套养鸭模式

　　20世纪70年代，浙江省就有农户在水稻田放养家鸭，在稻田养鸭的研究基础上，进一步推广茭白田养鸭。试验表明，每亩茭白田放12～15羽麻鸭，在茭鸭共育的3个月时间里，减少化肥施用50千克，减少使用杀虫剂1次，杂草抑制率达98％以上，茭白产量增加25％左右，每亩收入增加225元。该技术操作简单，使用方便，成本低廉。目前，茭白田养鸭模式已在全国各茭白产区尤其

茭白田养鸭

是浙江省各茭白主产区大面积推广应用。主要套养技术要点如下。

（1）放养前准备好健壮的雏鸭　从孵坊购买的雏鸭先在棚舍内饲养，用901苗鸭饲料喂养，舍内饲养要注意苗鸭打蓬，将雏鸭分成几小堆隔离饲养。饲养过程中注意鸭瘟等疾病的防治，第一次在苗鸭饲养10天左右注射鸭瘟弱毒疫苗；第二次在饲养半个月（出舍前）左右注射鸭流感灭活疫苗。饲养20天后出舍入田。

（2）用围网和网桩将茭白田块围住　围网使用防虫网或网眼较小的渔网，木桩或竹桩的长度1.2～1.5米，防虫网每亩鸭子放养密度为10羽，连片0.8公顷放养120羽。

（3）放鸭收鸭时间　茭白田养鸭时间必须在茭白移栽一个月后放鸭，孕茭60%时收回鸭子，否则鸭子会取食茭白小分蘖或影响茭白孕茭膨大。

鸭子

（4）茭白田管理　合理使用肥料，推荐使用生物农药和高效低毒农药，施药期至施药后5天内禁放鸭子。经常检查茭白田是否有对鸭子造成伤害的一些小动物，如黄鼠狼、老鼠、水蛇等。

2. 茭白田套养鱼模式

1997年缙云县水利和农业部门首先在大洋、前路等乡镇建立了3个茭白田养鱼示范基地，统一放养优质高产的瓯江彩鲤，收到了较大成效。每亩茭白田养鱼后可增加收入1 000元左右。该技术已在浙江省丽水市主要茭白产区推广应用。茭白田养鱼多在山区单季茭白田进行，时间从3月下旬茭白定植后开始放养，至9月茭白采收时为止。只要做好鱼沟和鱼坑，保证终年有水，就能满足茭白田养鱼用水。目前，茭白田养鱼模式主要在浙江丽水、上海练塘、福建永春、广西桂林等茭白产区推广应用。主要套养技术要点如下。

（1）加高加固田埂　选择利于防洪、水利排灌和光照条件好、土层深厚肥沃的黏壤或中壤土田块。一般要求田埂宽0.5米以上，加高0.4～0.5米，夯实，坚固不渗水。目的是提高水位，防止漏水和溢水，防止逃鱼。

（2）做好防逃设施　防逃设施建于进排水口及平水缺的地方，可用塑料尼龙网作拦鱼栅。拦鱼栅主要作用是防止逃鱼，同时过滤、拦截和防止杂物进入田间。其上部高于田埂20～30厘米，下部埋入泥中15～20厘米，两边应宽于进排水口和平水缺。拦鱼栅网眼大小因养殖的鱼体大小而异，要求既能防止逃鱼，又便于水体流动。

（3）开好鱼沟鱼坑　鱼沟开于田间，一般宽50～60厘米、深30厘米，可呈十字形、田字形、井字形等开挖，相互贯通，并与鱼坑连通。在山区茭白产区，每亩挖两个长2米、宽和深各0.8～1米的鱼坑，在平原茭白产区在田边开挖正方形、长方形鱼坑。鱼坑的个数和大小视田块大小与形状、养鱼规格、数量与密度等确定。鱼沟、鱼坑的总面积一般以茭白田面积的10%左右为宜。

（4）做好田块消毒　新种茭田在茭白定植前，或者上年老茭田在放养前10天，必须做好消毒处理，可用生石灰或茶籽饼进行消毒。生石灰能够杀死害鱼、蛙卵、蝌蚪、水生昆虫、部分水生植物、鱼类寄生虫和病原菌等敌害生物。生石灰本身含钙，还有一定肥效，而且可调节土壤pH，促进有机质分解，改良土壤结构，促进土壤中氮磷钾等元素释放。茶籽饼能杀死野鱼、蛙卵、蝌蚪、螺蛳、蚂蟥及部分水生昆虫。茶籽饼中含有丰富的粗蛋白及多种氨基酸等，也是一种很好的有机肥料。但茶籽饼对细菌无杀灭作用，且能促进藻类繁殖。

生石灰使用方法：所用生石灰要求新鲜、不含杂质、块状、质轻、遇水后反应剧烈、体积膨大，用量75～100千克/亩。保持田间水深5～10厘米，在田块内均匀挖小坑数个，将新鲜生石灰倒于坑内并加水化开，在石灰浆冷却前即向田块内均匀浇泼，耕耙一次，使土壤与石灰浆均匀混合。生石灰毒性有效时间为7天。

茶籽饼使用方法：先将茶籽饼捣碎成小块，加水浸泡24小时，之后加水，连渣带汁一同均匀浇泼田间。皂角苷易溶于碱性水中，使用时加入少量石灰水，药效更佳。田水深10厘米时茶籽饼用量5千克/亩，田水浅时用量相应减少。茶籽饼7～10天毒性消失。

牛石灰或茶籽饼消毒处理后10～15天方可放养田鱼。

（5）放鱼时间、规格　田鱼放养前需用3%食盐水浸泡消毒8～10分钟。放养田鱼的时间一般在新茭田茭白定植后7～10天（待施用的化肥全部沉淀后）或者上年老茭田土壤消毒处理后10天。将草食性鱼类（草鱼、鳊鱼等）、滤食性鱼类（鲢、鳙等）及杂食性鱼类（鲤、鲫、罗非鱼等）按一定比例混养，主养鱼与配养鱼的比例一般为7～8：3～2。田鱼规格要求在5厘米以上，主养草鱼时，每亩放养鱼苗250尾，其中草鱼占65%，鲤鱼和罗非鱼占35%；主养鲤鱼时，每亩放养鱼种200尾，其中鲤鱼占40%，草鱼和罗非鱼各占30%；主养罗非鱼时，每亩放养鱼苗300尾，其中罗非鱼占70%，草鱼和鲤鱼各占15%。

（6）茭白田管理　施肥应以基肥为主，追肥为辅；以有机肥为主，无机肥为辅。有机肥应腐熟后施用，以免耗氧过多，妨碍鱼类生长发育。每亩每次追肥施用量不宜过大，其中有机肥不超过500千克、硫酸铵不超过15千克、尿素不超过10千克、硝酸钾不超过7千克、过磷酸钙不超过10千克。宜将田块分为两半，间隔数日分块施肥，注意不要将肥料直接施入鱼沟。农药应选择低毒高效品种，对鱼类敏感的农药禁止使用。养鱼茭白田的病虫害防治，应强调"预防为主，治疗为辅"的原则，尽量采用农业防治、生物防治及物理防治等无害化措施。施药前加深水，深至20厘米水层左右，并尽量避免农药滴入田内造成鱼类死亡。鱼病防治可以每隔20天左右将漂白粉对水全田泼洒一次。

饲养期间应经常巡田检查，观察鱼的活动与长势、水质状况，决定是否投喂饲料和施肥。观察田埂是否塌陷渗水、拦鱼栅是否牢固，防止逃鱼或害鱼进入。经常疏通鱼沟和鱼坑，保持适宜水深，防止鸟、兽、蛇等捕食鱼类。定期注水，保持水质。根据需要投喂人工饲料，以细绿萍和卡洲萍作辅助饲料，以麦麸、米皮糠、豆饼、豆腐渣、菜饼等为精饲料，定点、定量和定时投喂。

(7) 田鱼捕捞　捕捞时，先将鱼沟疏通，然后放水，使鱼集中于鱼坑，集中捕捞。

茭白田养鱼

3. 茭白套养泥鳅模式

近年来，浙江省农业科学院植物保护与微生物研究所与丽水市农业局、缙云县农业局合作成功开展了茭白田套养泥鳅高效生态栽培模式，每亩可增加产值 2 400～3 600 元，每亩增收 1 000～2 200元。目前茭白田套养泥鳅模式已在浙江省杭州市、桐乡市、嵊州市、丽水市、宁波市、舟山市以及安徽省寿县等茭白产区推广应用。主要套养技术要点如下。

(1) 田块改造　选择水源充足、排灌方便、无污染、保水性好的田块，加高加固田埂，四周设置防盗网，开挖鳅沟和鳅窝。鳅沟是泥鳅活动的主要场所，可开挖成井字形或口字形，以沟宽100厘米、沟深50厘米为宜。鳅窝设在田块对边中央，鳅窝2米×2米、深50～60厘米，鳅窝与鳅沟相通。开挖鳅沟、鳅窝的土方用于加高田埂，使田埂高80厘米以上，保证茭白田在蓄水时水深达到40～50厘米，鳅沟水深达到50～60厘米。

(2) 防逃防天敌设施　防天敌主要对象为白鹭和其他鸟类偷食，需要在整个田块2米以上高空拉上尼龙网用于防鸟。

（3）进排水口设置　进排水口最好呈对角设置，有利于在灌水时使茭白田的水能够充分交换。注水要采用悬空注水的方法，在注水的地方提高进水管子高度，并在注水管口绑上过滤网袋，以细目为好，防止野杂鱼、蝌蚪及其他有害生物随水进入养殖的茭白田中。排水采用窨井式排水口，建有排水闸门，闸门高度以保持需要的最高水位为标准，水位高过养殖需要水就能溢出，在闸门下方出水处做一道栅栏，在栅栏前覆上不锈钢细网。

（4）鳅苗放养时间　放养前10天左右，茭白田用生石灰15千克/亩兑水搅拌后均匀泼洒，杀灭田中的致病菌和敌害生物。在茭白定植后8～10天（施用的化肥全部沉淀后），可先放养20～30尾进行"试水"，在确定水质安全后再放苗。青鳅与黄鳅按7∶3比例饲养为宜。第一次放鳅苗一般在6月上中旬前，视天气情况，鳅苗放养时间可适当提前或推迟。放养前用3%～5%的食盐水浸洗鳅体10分钟，每亩放养体长5～7厘米的鳅苗50千克左右，为降低养殖风险，以7厘米以上鳅苗为最好。

（5）田间管理　泥鳅的粪便是茭白的优质肥料，肥料的施用量大大减少，一般只需在3月中旬施基底复合肥50千克，至4月下旬追肥30千克即可。田水透明度控制在15～20厘米，水色以黄绿色为好。泥鳅苗放入茭白田之后，在鳅沟、鳅窝中隔10～15天用生石灰兑水泼洒消毒一次。放养前期浅水灌溉，水位保持在10～15厘米，随着茭白长高、鳅苗长大，逐步加高水位至20厘米左右，使泥鳅始终能在茭白丛中畅游索饵。茭白田排水时，不宜过急过快。夏季高温季节，要适当提高水位或换水降温。防治茭白病虫害时应尽量采用农业防治、生物防治、物理防治、高效低毒农药等绿色防控措施。施药前田块水位要加高10厘米，施药时喷雾器的喷嘴应横向朝上，尽量把药剂喷在茭叶上。粉剂应在早晨有露水时喷施，液剂应在露水干后喷施，切忌雨前喷药。同时做好防水蛇、老鼠、水蜈蚣、青蛙等捕食。

（6）投喂饲料　泥鳅喜食畜禽内脏、猪血、鱼粉和米糠、麸皮、啤酒渣、豆腐渣以及人工配合饲料等。当水温20～23℃时，动植物性饲料各占50%；水温24～28℃时，动物性饲料应占70%，日投喂量为鳅鱼体重的3%～5%。4月下旬为泥鳅过冬后适应期，暂不投放饲料。5月起每隔两日投喂一次，投喂粗蛋白40%的小鱼料，使泥鳅开始慢慢进食，大约一周后，每日投喂一次。6～9月随着水温升高，逐渐降低饲料的粗蛋白含量，10月以后投喂的饲料以增加鱼体的脂肪为主。具体要视水温、天气、泥鳅摄食情况等灵活掌握。

（7）捕捞　根据市场需求捕大留小，分期分批上市，一般在10月下旬开始用捕笼工具诱捕，在傍晚将捕笼放在鳅沟，第二天早晨取回。

茭白田养殖泥鳅基地

茭白田放养泥鳅、捕获泥鳅

4. 茭白田套养中华鳖模式

2003年浙江省农业科学院植物保护与微生物研究所与余姚市农业科学研究所合作，首先在余姚市河姆渡镇茭白生产基地研究和示范茭白田套养中华鳖高效模式，获得巨大成功。茭白田套养中华鳖既有效控制了福寿螺危害，显著减少农药用量，又提高了茭白和中华鳖品质；通过茭白田套养中华鳖带动成立了"钱桥鳖专业合作社"，开发了"古址牌"茭白野生鳖。目前该技术模式在浙江省内茭白主产区和长江流域茭白产区大面积推广应用。主要套养技术要点如下。

（1）鳖田改造　面积较小茭白田，在田块四周开沟；面积较大茭白田，除在四周开边沟外，在田块中间再挖一条十字沟，边沟浅、窄，中间沟深、宽，边沟宽70～80厘米，深40～50厘米，中间沟宽120～150厘米，深50～60厘米。田边设置饵料台，且与水面呈30°～45°斜坡，田中央每隔8～10米堆一个土墩，要有一定坡度，便于中华鳖上岸活动。也可以两块田为一个单元，连在一起，中间田埂作为鳖活动场所。田块四周用钙塑板、石棉瓦等材料围成防逃墙，上端高出田埂0.8米，下端埋入泥中0.3米，并用木桩固定，或者直接用水泥墙围成防逃墙，顶部压沿内伸15厘米，围墙和压沿内壁涂抹光滑；茭白田的进、出水口建两道防逃栅，必须用铁丝网或塑料网做护栏。

（2）鳖苗选择　所选的鳖苗种要求抗病力强、规格整齐、行动敏捷、体质健壮。一般放养规格为200～300克/只的鳖150～200只/亩，雌雄比例为2∶1或3∶2。

（3）放养前消毒　茭白田在放养前7～14天每亩用75～100千克生石灰消毒，中华鳖用0.01%高锰酸钾溶液浸沈消毒3·5分钟，或用3%食盐水浸泡消毒10分钟。

（4）放养要求　在4月下旬（茭白苗移栽后20天左右）放养鳖苗，选择天气晴好的中午进行。放养前，鳖苗用高锰酸钾溶液或食盐水消毒，以杀灭其体表寄生虫或病菌。放养时，水温温差不能超过2℃。

（5）投喂饲料　鳖在水温约20℃时开始摄食，可投喂少量饲料，使其尽快开食。鳖是以肉食为主的杂食性动物，主要以小虾、螺、小鱼、蚌和水生昆虫为食，可投喂动物性饲料（鲜活鱼等）搭配植物性饲料（饼粕类、麸类、南瓜等）或配合饲料，其中鲜活鱼的比例要占到20%左右。投喂量应根据天气、水温和鳖的摄食情况灵活掌握，达到七成饱即可。可向茭白田中适量投放消过毒的小虾、小鱼、河蚌、螺等作为鳖的天然饵料，一般每亩放250千克。投喂时间一般在每天9：00、16：00～17：00为宜。投喂时做到定时、定位、定质、定量；田间适当放养绿萍可供中华鳖、泥鳅食用。

（6）田间管理　水质、水温影响大，注意控制水位、调节水温。当茭白田水质变差时，及时更换新鲜水。也可在田中适当放养浮萍净化水质，减少换水量，同时也可为夏茭遮阴，提高茭白品质。防止蛇、鼠、鸟危害，及时补充活饲料。施肥应以基肥为主，追肥为辅，以腐熟的有机肥为主，无机肥为辅。茭白病虫害防治尽量使用农业、物理和生物防治等非化学措施，必要时选择高效低毒农药进行叶面喷雾。

（7）捕捞 秋茭采收结束后，根据市场需要及时捕获大的中华鳖出售，小的鳖继续留在田里饲养越冬。

茭白田养殖甲鱼基地

5. 茭白田套养克氏原螯虾模式

广西理想农业水产养殖有限公司成功地攻破了茭白田套养克氏原螯虾（小龙虾）的高效栽培模式。每亩收入可达8 000元以上。目前茭白田套养小龙虾模式已在广西钦州市浦北县，江苏宿迁、金湖、盐城、滨海，安徽寿县、肥西县，浙江丽水等茭白产区推广应用。主要套养技术要点如下。

（1）茭田准备 选择水源充足、排灌方便、保水性好的田块。在田块四周开挖1～2米宽的沟，对田块大的水田，要开挖井字沟，沟

宽1～2米，沟深0.8～1.2米。四周筑埂，使水田能保持水深0.3～
0.5米。田埂必须加高加厚，以防汛期溢水逃虾、鱼。田埂高0.5～1
米，下宽2～3米，上宽0.8～1.5米。

（2）防逃设施　用50～80厘米高的网片或水泥瓦将田四周泥埂
封闭，网片底部呈90°弯折，横片10～20厘米，向田内埋入土中。
竖片高60～70厘米，露出地面40～50厘米，网片的上端内壁还要
用15～25厘米的塑料薄膜与网片的上端绞缝在一起，以免敌害生物
进入和螯虾逃逸。

（3）虾苗投放时间及数量　在茭白苗移栽前10天，对水沟进行
消毒处理。新建的水沟，若用水泥夹池埂的，一定要用清水浸泡7
天，再换新水浸泡7天后才能放虾苗、鱼苗；每亩投放小龙虾苗1.5
万～3万尾或小龙虾种50～70千克，鲢、鳙鱼各200尾。投放前用
5%食盐水浸浴小龙虾苗或虾种5分钟。

（4）虾苗投放方法　投放时，先把泡沫箱盖打开，把冰块拿出，
再把小龙虾种苗轻轻洒在近水的陆地上，然后往小龙虾身上洒水让
其充分吸水（小龙虾自己会往水里爬，死虾会留在岸上），再把死虾
拾走即可。

（5）饵料投喂

①按照小龙虾生长发育所需营养需要，搞好饲料组合和投喂。
20～32℃水温是小龙虾快速生长的温度，多喂食。小龙虾食性杂、
荤、精、青饲料都吃，但茭白的根茎是小龙虾最爱吃的青饲料。常
用动物性饲料有螺、蚬、野杂鱼虾、动物血液、畜禽下脚料等，青
饲料有草类、瓜皮、蔬菜下脚料等，精饲料有麦类、玉米、谷物。12
月小龙虾越冬前，以投喂动物性饲料为主。

②按照小龙虾的生活习性和摄食特点投喂。小龙虾多在夜里活
动觅食，并具有争食、贪食习性。投喂饲料要坚持每天上午下午各
投喂一次，以下午一次为主，占全天投喂量的70%；采取定质、定
量、定时投喂方法，喂足喂匀，保证每只虾都吃饱，避免相互争食。

③按天气、水质变化和虾活动摄食情况合理投喂。日投喂量可

按虾体重的6%～10%安排，干饲料或配合饲料按2%～4%统筹。连续阴雨天气可以少喂，天气晴好适当多喂，大批虾蜕壳时少喂，蜕壳后多喂。

（6）虾病防治　以防为主，治疗为辅。在养殖期间每隔30天左右每亩田用石灰粉2.5～5千克兑水全田泼洒一次。

（7）捕捞　茭白田养殖小龙虾一般先用地笼网、手抄网等工具捕捉，最后再放水捕捉。也可捕大留小，常年捕捞。收获小龙虾季节一般气温较高，可早晚进行，避免损伤小龙虾。

茭白田养殖克氏原螯虾基地

克氏原螯虾

茭白田捕获克氏原螯虾

四、茭白田轮作套种模式

茭白田轮作是指在同一块茭田有顺序地在不同季节或年份间轮换种植不同作物或复种组合的一种种植方式，是用地养地相结合的一种生物学措施。主要有水水轮作、水旱轮作。茭田套种是指在前季作物生长后期的株行间播种或移栽后季作物的种植方式，主要与其他水生蔬菜、丝瓜套种。目前，生产上茭白与其他作物轮作套种模式也很多，包括茭白与一种作物轮作套种模式，如茭白与早稻、茭白与晚稻、茭白与单季稻、茭白与水芹、单季茭白与蘑菇、茭白与长豇豆、茭白与茄子、茭白与松花菜（青花菜）、茭白与慈姑；茭白与两种作物轮作套种模式，如茭白与荸荠和早春毛豆、茭白与西瓜和慈姑、茭白与莲藕和水芹；茭白与三种作物轮作套种模式，如茭白与莲藕、水芹和芡实；等等。

茭白与其他作物轮作套种高效栽培模式

序号	轮作套种模式	茬口安排
1	茭白—早稻套种栽培模式	茭白4月上中旬宽窄行移栽，9～10月采收茭白；水稻3月底至4月初地膜育秧，4月底5月初套种于宽行，7月中下旬收割早稻。
2	茭白—单季稻套种栽培模式	茭白3月种植，9～10月收第一茬，次年5～6月采收第二茬；水稻6月上中旬定植，10月下旬收割。
3	茭白—晚稻高效栽培模式	茭白11月初育苗，12月上中旬定植，或2月下旬宽窄行移栽，7月上旬采收完毕；晚稻6月中旬两段育秧，7月中旬移栽，10月中下旬收割。
4	茭白—早稻—晚稻一年三熟栽培模式	12月上旬薄膜覆盖宽窄行移栽茭白，4月上中旬采收；早稻4月下旬小满前移栽，晚稻立秋前移栽。

（续）

序号	轮作套种模式	茬口安排
5	双季茭白—水芹一年两熟水旱轮作模式	茭白12月至翌年1月种墩寄秧育苗，3月底移栽，4月上中旬定植，6月上旬至7月上旬采收夏茭，9月上旬至下旬采收秋茭；水芹8月下旬至9月上中旬排种，11月上旬软化，12月收获。
6	单季茭白—蘑菇水旱轮作栽培模式	茭白4月上旬种植，8月中旬采收；大球盖菇9月下旬至10月中旬种植，翌年3月下旬采收。
7	大棚双季茭白—长豇豆一年两熟水旱轮作栽培模式	秋茭5～7月寄秧，7月中下旬定植，10月采收；夏茭1～3月盖膜，4月上旬至5月中旬采收；长豇豆4月下旬育苗，5月中旬定植，7月采收。
8	双季茭白—超甜玉米—青花菜（松花菜）一年三熟水旱轮作栽培模式	茭白11月中下旬育苗，12月下旬定植，翌年5月底采收结束；玉米6月下旬至7月上旬直播，9月上中旬采收结束；青花菜8月下旬播种，9月下旬定植（松花菜在玉米吐丝期后7～10天播种，12月上中旬采收结束）。
9	茭白—慈姑套种模式	茭白3月下旬前移栽，4月上中旬将慈姑顶芽插栽于茭白宽行，7月底前采收茭白，10月采收慈姑。
10	早春毛豆—双季茭白—荸荠两年四熟水旱轮作栽培模式	春毛豆2月下旬至3月上旬播种，5月下旬至6月上旬采收；茭白5～7月寄秧，7月下旬定植，10～11月采收，翌年5～6月采收第二茬；茭白收获后种植荸荠，6月育苗，7月中旬定植，12月至翌年2月采收。
11	西瓜—茭白—慈姑两年四熟水旱轮作模式	西瓜2月上中旬育苗，3月上中旬定植，5～6月下旬采收；双季茭白4月育苗，7月下旬至8月上旬定植，9月中下旬至翌年10月中下旬采收秋茭，12月至翌年清明覆膜，4月上中旬夏茭采收；慈姑4月中下旬育苗，6月初移栽，10月至第三年3月采收。
12	茭白—莲藕—水芹一年三熟栽培模式	茭白3月下旬至4月上旬宽窄行移栽，9月中下旬采收；莲藕4月下旬在茭白宽行套种，9月上旬采收；水芹8月下旬收割种株，排种，11月上旬软化，12月上旬至翌年3月下旬采收。
13	藕—茭白—芡实—水芹两年五熟套种模式	莲藕4月中旬定植，7月下旬至8月上旬采收；茭白8月上中旬定植，10月中下旬采收，翌年5月上旬至6月上旬采收夏茭；芡实6月定植，8月下旬至10月上旬采收；水芹10月上旬排种，11月下旬软化，翌年1月上旬至3月上旬收获。

（续）

序号	轮作套种模式	茬口安排
14	西瓜—双季棚栽茭白—慈姑两年四熟水旱轮作模式	西瓜2月上中旬育苗，3月上中旬定植，5～6月下旬采收；秋茭4月育苗，7月下旬定植，10月中下旬至11月下旬采收秋茭，12月覆膜，夏茭4～5月上旬上市；慈姑4月中下旬育苗，6月上旬移栽，10月至翌年3月采收；慈姑收后再种西瓜，按此顺序，实现西瓜、茭白、慈姑轮作。
15	早稻—双季露地茭白—慈姑两年四熟轮作模式	早稻3月中旬播种，4月上旬移栽，7月中旬收割；茭白4月上旬寄秧，7月中下旬种植，10月下旬至11月中旬采收秋茭，5月中旬至6月中下旬采收夏茭；慈姑6月下旬至7月上旬播种，7月下旬至8月上旬移栽，11月开始采收。
16	大棚夏茭—丝（苦）瓜套种模式	大棚茭白7月中下旬定植，10月下旬至11月下旬采收秋茭；12月中下旬覆盖大棚膜保温，4月上旬至5月中旬采收夏茭；丝瓜（苦瓜）3月下旬播种，4月下旬至5月上旬定植，6月下旬至8月下旬采收。

茭白套种其他作物的模式主要集中在江苏、浙江、福建等省份的茭白产区。在茭白田轮作套种作物模式中，推广面积大、经济效益高或者推广前景广阔的模式有：单季茭白与茄子轮作模式、茭白与水稻轮作模式、单季茭白与大球盖菇轮作模式、大棚茭白与长豇豆轮作模、茭白与水芹轮作模式、大棚茭白与丝瓜套种模式等。

1. 单季茭白—茄子水旱轮作模式

在浙江山区尤其是高山地区，茭白和茄子的种植效益均很好，农民都愿意种植。由于多年连作种植，土壤连作障碍日趋严重，高山茭白的锈病、胡麻叶斑病发生严重，已影响到茭白产业的健康发展；茄子黄萎病、青枯病发生严重，减产达10%～30%。近年来，在浙江省金华市、丽水市山区推广的单季茭白—茄子水旱轮作模式获得成功，既有效控制了茭白、茄子的病害发生，又促进茭白和茄子产业健康稳定发展。该轮作模式为种植两年茭白后再种植一年茄子，即茭白—茭白—茄子轮作模式。

茬口安排和效益：单季茭白10月上旬至11月中旬移栽，3月下旬至4月上旬定植，7月下旬至9月中旬采收。茄子3月播种育苗，5月移植到大田，6月下旬至10月中旬采收。高山茭白每亩效益7 000～8 000元，茄子效益每亩6 000～7 000元。

茭白栽培技术：

（1）品种选择　选择早熟性好、采收期长、品质优、茭肉粗壮白嫩、产量高、耐高温性较好、抗逆性强的优良单季茭白品种，如金茭1号、美人茭。

（2）田块整理　10月中旬茄子采收结束后清田翻耕，充分晾晒，土块敲细耙平，筑好田埂，确保田间能灌水15～25厘米水层。

（3）种植　利用单季茭白薹管寄秧育苗技术培育的茭白苗种植。采用宽窄行栽培，宽行距90厘米，窄行距40厘米，株距35厘米，每亩种植约3 000穴。

（4）肥水管理　茭白植株高大，需肥量多，要求基肥足。基肥每亩施用腐熟有机肥1 500千克，氯化钾7.5千克，碳酸氢铵25千克。4月上中旬施分蘖肥，每亩施尿素15千克，过磷酸钙50千克。5月下旬施孕茭肥，每亩施三元复合肥或尿素15千克。茭白水层管理按照"浅—深—浅"原则，早春分蘖前期保持田水3厘米，随着植株生长，水层逐渐加深，进入孕茭期，水层加到15～20厘米，但不要超过茭白眼，孕茭后水位降至5～10厘米，采收后田间保持湿润状态。期间，要做好去劣去杂和疏苗间苗工作，每墩保留7～9株健壮苗。

（5）病虫害防治　主要做好茭白锈病、胡麻叶斑病、二化螟、长绿飞虱的防治工作。

茄子栽培技术：

（1）品质选择　选择品质优、适合长季节栽培的浙茄1号、引茄1号品种。

（2）培育壮苗　利用大棚在3月上中旬播种，播种前晒种2天，在55℃温水中浸12～15分钟，再用1%硫酸铜液浸种消毒5分钟，用清水洗净药液，再浸种12小时，捞起洗净晾干播种。采用苗床育苗或穴盘育苗。

(3) 移栽 茭白采收后翻地晒白，春季作畦，畦面宽1.2米，沟宽0.4米，畦中间开沟深施基肥，定植前15天施用腐熟有机肥2 500千克，三元复合肥50千克。4月下旬至5月下旬晴天移栽，每畦种2行，株距约60厘米，每亩种1 400株（嫁接苗种1 000株），移苗后立即浇定根水。

(4) 田间管理 当门茄开花后，将门茄以下的侧枝全部摘除。加强肥水管理，每采收2～3批后需要追肥一次，每亩施三元复合肥15～20千克，尿素5千克，遇到干旱时及时灌水。期间，做好茄子灰霉病、黄萎病、枯萎病和斜纹夜蛾、蚜虫等病虫害防治工作。

(5) 及时采收 花后15天，当茄子长至粗2.2厘米、长30厘米、鄂片与果实相连部位的白色环状带（俗称茄眼）开始不明显时，及时采收。

单季茭白—茄子轮作模式　　　　　　　茄子

2. 单季茭白—大球盖菇轮作模式

2008年以来，浙江省景宁县大自然食品有限公司和磐安县农业局进行了茭白与大球盖菇轮作栽培试验，取得巨大成功。

茬口安排与效益：茭白3月下旬至4月上旬移栽，7月中旬至9月下旬采收。大球盖菇9月下旬至10月中旬种植，12月上旬至翌年3月下旬采收。在丽水试验，单季茭白产量2 600千克左右，产值达0.63万元，净收入0.5万元；大球盖菇产量4 500千克，产值1.83万元，净收入1.5万元。合计2万元。

茭白栽培技术：

（1）品种选择　选择适于高山种植的单季茭白品种，如美人茭、金茭1号、金茭2号等。

（2）适时种植　在3月下旬至4月上旬茭白种苗高20厘米时及时移栽，每穴3～4株，采用宽窄行种植，宽行1.1～1.2米，窄行0.7～0.8米，株距0.4～0.5米。

（3）田间管理　老茭田的苗期在谷雨前后做好疏苗定苗，一般每墩留苗6～10株，补上去劣后的空墩处，确保全苗，并施用复合肥15～20千克。在分蘖期及时中耕除草，加强肥水管理，可施50～75千克复合肥，分两次追肥。水层管理前期浅水（5～7厘米）促进发棵，中后期加深水层（12～15厘米）抑制无效分蘖。期间，重点做好长绿飞虱、螟虫、锈病和胡麻叶斑病的防治工作。孕茭期及时灌溉，促进孕茭。每天高温期间连续灌跑马水，水深15厘米，孕茭后加深水层到15～20厘米。孕茭达50%以上时追施一次孕茭肥，可施复合肥10～20千克。在茭白肉质茎显著膨大、叶鞘开裂时及时采收。

大球盖菇栽培技术：

（1）培养料处理　主料为茭白鞘叶，填充料为谷壳。要求培养料新鲜、干燥、不发霉。播种前将茭白鞘叶浸水2天，待其充分吸水软化，捞起，让其自然控水12～24小时，含水量达到70%～75%时即可使用。

（2）铺料和播种　土壤干燥的应先喷水再铺料，采用一次性铺料，先铺一层厚15～20厘米茭白鞘叶，再均匀铺一层厚5厘米谷壳，压实。注意要在一天内完成铺料。采用穴播法，梅花形，间距8厘米，用种量2～2.5瓶/米^2，播种后再盖一层厚10～15厘米茭白鞘叶，稍压实。播种后，在料面上加盖单层湿旧麻袋片。

单季茭白—大球盖菇轮作模式

大球盖菇

（3）发菌期管理　主要调节好温度、湿度，使其保持在菌丝生长较适宜的范围内。保持料温22～28℃，含水量70%～75%，空气相对湿度85%～90%。具体措施：播种后20天内，通过喷水在覆盖物上进行补水，如遇雨天及时盖薄膜，雨后及时掀膜，排除菇床四周积水，防止雨水渗入料内。播种20天后，如遇草料干燥发白，适当喷一些水。当料温较高但不超过30℃时，应掀开覆盖物，并在料堆中间每隔6米打一个洞，共打2～3个洞。

（4）覆土与管理　播种后30天左右，菌丝走满培养料2/3时覆土，覆土厚度3～5厘米，土上再铺一层茭白鞘叶。覆土后15～20天就可出菇，此阶段主要是调控水分、温度和通气量，尤其是水分控制。

（5）病虫害防治　主要防止蚂蚁、螨类、菇蚊、蛞蝓、跳虫以及鬼伞、粪碗*等

---

*　学名泡质盘菌，盘菌科盘菌属的一种真菌。——编者注

危害，可在铺料前撒石灰粉。

（6）采收　采收适期为菇体菌膜尚未破裂或刚破裂，菌盖呈钟形。

3. 春毛豆—双季茭白—荸荠轮作模式

茬口安排：第一年早春毛豆2月下旬至3月上旬播种，5月下旬至6月上旬采收；毛豆采收后种植双季茭白秋茭，4～7月上旬茭白寄秧，7月中下旬移栽定植，10～11月采收，翌年5～6月采收夏茭；夏茭采收后种植荸荠，荸荠6月育苗，7月中旬定植，12月至翌年2月采收。两年一轮制。春毛豆每亩可采收700千克，产值2 800元；秋茭采收1 250千克，产值3 750元；夏茭采收2 200千克，产值8 000元；荸荠采收2 800千克，产值4 500元。

春毛豆栽培技术：

（1）品种选择　选择高产、皮薄、毛白、夹宽、生育期90天左右的早熟春毛豆品种，如引豆9701、科源8号、浙农6号等。

（2）适期播种、合理密植　浙江丽水等地开春回暖早，利用地膜覆盖栽培可提早到2月底至3月初播种，成熟期在5月下旬至6月上旬。适当密植，一般行株距为30～35厘米×20厘米，每亩用种量为7.5～10千克，每穴播种3～4粒，每亩保证基本苗2.5万～3万株。

（3）田间管理　重施基肥，早施追肥，在开花结荚期可连续追施2次叶面肥。病虫害主要有锈病、蚜虫，可用苯醚甲环唑、腈菌唑防治。

（4）采收　豆荚八成饱满时即可采摘，上市越早，价格越高。

双季茭白栽培技术：

（1）品种选择　选择高产优质、抗性较好的双季茭白品种，如龙茭2号、浙茭3号、浙茭6号、崇茭1号、浙大茭系列等。

（2）适时定植，重施基肥　春毛豆采收后灌水翻耕，结合整地亩施用有机肥2 500千克，磷肥50千克，硫酸钾10千克。7月上中旬宽窄行定植，株行距50厘米×100厘米，每亩种植1000墩左右。

（3）田间管理　重施分蘖肥，巧施孕茭肥。分蘖期每亩施45%复合肥40～50千克，孕茭期每亩施尿素15千克，氯化钾5千克。加强长绿飞虱、二化螟、锈病、胡麻叶斑病和纹枯病等病虫害防治工作。

（4）采收　植株孕茭部位显著膨大，露出1～2厘米洁白茭肉时即可采收。秋茭采收时间为10～11月，夏茭采收时间为5～6月。

荸荠栽培技术：

（1）选种育苗　选择个体大、色泽好、芽充实、无损伤的荸荠做种，6月上中旬开始育苗，株行距6厘米×6厘米，种植深度1厘米，当苗高25～30厘米并有5～6根叶状茎时即可移栽定植。

（2）定植　7月上中旬定植，栽植深度，母株8～10厘米，分株12～15厘米，保持株距25～30厘米，行距40～45厘米。每穴一株，每亩栽种5500～6000株。

（3）田间管理　施足基肥，少施追肥。基肥每亩施腐熟农家肥100～150千克，追肥一般施两次，第一次在移栽后7天，每亩施尿素5千克，第二次在9月中下旬荸荠生长旺盛期，每亩施尿素5～6千克，追施。保持田间水层10～20厘米。做好病虫害防治工作。

（4）采收　荸荠球茎成熟后，地上部枯死，从霜降（10月下旬）至翌年2月均可采收。

荸荠　　　　　　　　　毛豆

4.早稻—双季茭白—晚稻轮作模式

茭白种植多年后产生严重的连作障碍，产量和品质下降，通过与水稻轮作可显著减轻，同时也有利于水稻生产，增加面积产量，稳定粮食生产。主要采用早稻－茭白和茭白－晚稻两种模式。前者为早稻收获后栽种茭白，后者为夏茭收获后栽种晚稻，实行两年一轮制。浙江省余姚市河姆渡镇成功地应用"早稻—双季茭白—晚稻"两年轮作制度，实现了水稻的稳产高产。

茬口安排与效益：早稻选择早熟品种，3月下旬育苗，4月下旬至5月上旬大田定植，7月中旬前收割；茭白选择早中熟品种，3～4月开始育苗，采用两段育秧方式，7月中旬移栽，10月下旬至12月上旬采收秋茭，翌年5～6月采收夏茭；6月中下旬直播晚稻，11月收割。早稻收割后种植秋茭，翌年夏茭收获后种植晚稻，按此循环，实现水稻、茭白可持续生产。茭白亩平均产量3 500千克，其中夏茭2 400千克，秋茭1 100千克；亩产量早稻400千克以上，晚稻550千克以上。

早稻栽培技术：

（1）品种选择　选择早熟的早稻品种，如浙106、杭959等。

（2）育秧　采用塑料软盘旱育秧，3月中下旬开始浸种（种子需要进行消毒处理）、催芽，搭架盖膜保温，在稻苗一叶一心时短期揭膜，并浇施1%尿素液（断奶肥）；同时进行防病处理，4月上中旬天气基本晴稳，揭膜炼苗，并浇施1%尿素液促进长苗分蘖。移栽前一天轻施1.5%复合肥液（起身肥）。

（3）移栽　4月上中旬，秧龄25天左右，叶龄3.5叶时种植，种植密度16.3厘米×23.1厘米，每亩1.7丛左右。

（4）田间管理　合理施肥，施足基肥，巧施追肥；科学灌水，前期浅水促蘖，分蘖后期开沟搁田，多次轻晒田，有水壮苞抽穗，干湿壮籽。期间，人工除草，并做好早稻病虫害防治工作。早稻病虫害主要有白背飞虱、二化螟、稻纵卷叶螟、纹枯病等。白背飞虱用噻虫嗪、噻嗪酮，二化螟、稻纵卷叶螟用性诱剂诱杀和氯虫苯甲酰胺、阿维·氟酰胺，纹枯病用井冈霉素防治。

（5）收割　7月上中旬水稻成熟后及时收割。

双季茭白栽培技术：选择夏茭早中熟的双季茭白品种，如浙茭2号、浙茭3号、浙茭7号等。采用两段育秧技术进行秋茭育苗。清明（4月4日左右）至谷雨（4月20日左右）育苗，行株距50厘米×50厘米。6月下旬至7月上旬掘起种墩分株栽植，每穴栽苗1～2株。7月上中旬种植，当年秋茭田间管理与翌年夏茭田间管理按照双季茭白种植管理方法进行。

晚稻栽培技术：

（1）品种选择　选择秀水134、嘉33、浙粳88、加华1号、甬优系列等单季晚稻品种。

（2）田块处理　夏茭采收结束后及早整地，由于茭白收获后留下的茎叶较多，要及早耕耙，浅水发酵腐烂，5～7天后再翻耕整平，此时茭白茎叶基本腐烂，7月中旬晚稻移栽，这时候大田水温较高，茭白茎叶翻耕入土数量多，因此插秧时间尽量安排在15：00以后，浅水插秧，深水护苗，预防高温倒苗。秧苗成活后要间歇搁田，防止有毒物质危害秧苗。

（3）适时播种　合理密植　一般在5月上中旬播种，采用旱育秧或半旱育秧。移栽秧龄旱育秧控制在18天以内，半旱育秧控制在25天以内。密度为23厘米×26厘米，每亩种植1万丛左右。也可在6月中旬左右直接把催好芽的种子播种在田中。

（4）田间管理　水位管理做到"深水插秧，浅水分蘖，水层孕穗"，灌浆后期干干湿湿，以湿为主，确保根系活力，提高千粒重。合理施肥，由于大量茭白茎叶还田和茭白田中剩余肥料足够一季单季稻吸收养分，所以在水稻生长期间可以少施肥。看稻苗生长情况，追施分蘖肥和穗肥。水稻病虫害主要有褐飞虱、二化螟、稻纵卷叶螟、纹枯病、稻曲病、稻瘟病等。褐飞虱用噻虫嗪、噻嗪酮，二化螟、稻纵卷叶螟用性诱剂诱杀和氯虫苯甲酰胺、阿维·氟酰胺防治；稻曲病在水稻破口期用30%苯醚甲环唑·丙环唑（爱苗）、125克/升氟环唑（欧博）、125克/升苯醚甲环唑·嘧菌酯（阿米妙收）、嘧菌酯，纹枯病用井冈霉素，稻瘟病用富士一号、咪鲜胺、三环唑等药剂防治。

（5）及时收割　10月下旬开始陆续收割晚稻。

茭白—水稻轮作模式

5. 大棚西瓜—双季茭白轮作模式

茬口安排及效益：西瓜2月上中旬育苗，3月上中旬定植，6～7月上旬采收；双季茭白4月育苗，7月上中旬移栽，10月中下旬至11月下旬采收秋茭；5～6月采收夏茭，两年一个轮回进行西瓜—双季茭白的轮作模式。西瓜可采收2～3批，亩可收4000千克，平均每千克价格2元，产值8000元；茭白可采收两季，秋茭亩可采收1000千克，每千克价格3元，产值3000元，夏茭亩可采收2500千克，每千克价格3.6元，产值9000元。

大棚西瓜栽培技术：

（1）品种选择　以中果型西瓜早佳84-24、京欣1号、京欣2号为主，搭配一些小果型西瓜品种如早春红玉、小兰、特小凤等。

（2）培育壮苗　采用营养钵育苗。2月初把配制好的营养土（无菌沙壤土6份加腐熟优质圈肥4份及适量三元复合肥和多菌灵）装入营养钵，然后播入催好芽的西瓜种子。播前将钵浇透底水，每个钵内放1粒种子，上覆厚1～1.5厘米的细土。白天温度保持25～28℃，夜间20℃以上。3天后早晚适当见光，幼苗出现第三片真叶后，经炼苗可移栽定植。

（3）移栽定植　3月初定植。在每条种植沟内栽2行西瓜，行距0.5米，株距0.4～0.5米，每亩栽种1400株。定植后覆盖地膜。

（4）田间管理　①定植后白天温度控制在30～32℃，夜间温度不低于16℃；缓苗后白天温度控制在20～25℃，夜间温度不低于15℃；开花结果期白天温度控制在25～28℃，夜间温度不低于17℃。坐瓜后要加大通风量。②当瓜蔓长30～40厘米时，撤去小拱棚，搭架吊蔓，在主蔓第四或第五节处留一条侧蔓，其余侧蔓摘除。③团棵期浇水追肥，每亩追施尿素10千克，磷酸二铵10千克；膨瓜时再浇一次水，并每亩追施硫酸钾15千克，复合肥20千克，结瓜后期用0.2%～0.5%尿素或其他西瓜叶肥，叶面喷肥。④加强病虫害防治，主要有猝倒病、炭疽病、疫病、蚜虫等，可用可用

70%甲基托布津液500~800倍液和50%代森锌500倍液喷雾，杀虫素1500倍液防治蚜虫。

（5）采收 4月下旬开始，九成熟时即可采摘，采收期延续到6月下旬。

茭白栽培技术：采用两段育秧技术进行秋茭育苗，4~7月上旬育苗，7月上中旬种植，其他田间管理按照常规方法进行。

茭白—西瓜轮作模式

6.双季茭白—长豇豆轮作模式

该模式适合设施栽培的茭白产区。

茬口安排及效益：双季茭白秋茭4~7月两段育秧，7月中下旬定植，10月至11月采收；夏茭12月下旬至3月盖膜，4月上旬至5月中旬采收。长豇豆4月下旬育苗，5月中旬定植，7月上旬至下旬采收。秋茭每亩产量1000~1500千克，产值4000~6000元，夏茭亩产2000~2500千克，产值8000~10000元；长豇豆亩产1500千克，产值3600元。合计每亩产值15600~19600元。

双季茭白栽培技术:

(1) 品种选择　选择在低温条件下孕茭好的低温型早熟双季茭白品种,如黄岩茭、浙茭2、浙茭3号等。

(2) 育苗移栽　采用两段寄秧法,4月上旬移栽到寄秧田,每穴1～2根苗,寄秧密度40厘米×40厘米。7月中下旬移栽,宽窄行种植,宽行70～80厘米,窄行40～50厘米,株距25～30厘米,每亩种植2 000墩,每墩留有效分蘖10根左右。

(3) 棚膜管理　12月下旬至翌年1月上旬盖膜,掀膜时间一般在3月底至4月初,棚内温度超过32℃时,应加强通风;遇倒春寒,防止冻害。

(4) 田间管理　参考双季茭白设施栽培技术。

长豇豆栽培技术:

(1) 品种选择　选择适合夏季栽培和耐涝的品种,如春宝、之豇108等。

(2) 整地施肥　夏茭采收后,排干田水,深耕土地,熟化土地。每亩施腐熟有机栏(圈)肥2 000～25 000千克,复合肥15～20千克,硼砂1.5～2.0千克作基肥。

(3) 适期播种　采用育苗移栽,4月下旬育苗,5月中旬定植,由于长豇豆长势强,种植不宜过密,畦宽1.5米,种植2行,穴距0.25～0.3米。

(4) 引蔓整枝　长豇豆长到5～6叶时搭架,架型采用直插式,即每柱插入高2～2.5米的毛竹竿,插好后在晴天午后及时人工辅助引蔓上架,植株满架前,需要人工绕蔓3～4次,第一花絮以下侧枝全部摘除,并及时清除老叶、病叶,减少病虫害发生。

(5) 增施结荚肥　一般在第一花序坐稳果后施一次肥,以后每隔7天施一次,每亩施10～15千克氮钾复合肥。期间每采收2～3次叶面喷施1%～2%磷酸二氢钾液,提高结荚率。

(6) 病虫害防治　因豇豆病虫害较多,做好根腐病、豆荚螟等防治工作。

（7）及时采收　一般花后10～12天，荚果饱满、组织脆实且不发白变软、籽粒未显露时为采收嫩荚适期。

茭白—长豇豆轮作模式

7. 单季茭白—水芹套种模式

2010年始，浙江省农业科学院、缙云县农业局和缙云县昊禾茭白专业合作社等单位在浙江省缙云县新建镇茭白基地进行单季茭白与水芹套种模式试验，取得成功并产生显著的经济、社会和生态效益。单季茭白采用宽窄行栽培，宽行套种水芹。

茬口安排及效益：单季茭白10月中下旬定植，8～9月采收，采收后套种水芹。套种田茭白产量略低，亩产1 975千克，产值4 940元，水芹亩产达到1 850千克，产值3 729元，比非套种田每亩增加产值3 310元。

茭白稳产高效绿色生产技术

茭白栽培技术:

(1) 品种选择　选用美人茭、金茭1号等品种。

(2) 定植　单季茭白于10月中下旬定植,株距30厘米,宽行100厘米,为套种水芹行;操作行60厘米,为茭白采收行。亩定植茭白种苗2 770墩。

(3) 田间管理　①施肥:在定植前亩用碳酸氢铵50千克、过磷酸钙20千克、三元复合肥30千克作为基肥。定植后20天左右亩施尿素5千克,促进茭白植株早分蘖,沿茭白行撒施。施肥应掌握少量多次的原则,3~4月每隔7~10天施一次,前期施肥量略少,每亩5~7千克,中后期略多,每亩10~15千克。待半数植株孕茭后追施孕茭肥,亩施尿素10千克加三元复合肥40千克。②水浆管理:前期浅水促早发,在植株分蘖数达到要求时及时搁田(至出现细裂缝为止);孕茭期间灌深水,降低温度,促进茭白孕茭,提高茭白品质;采收期以浅水为宜。③病虫防治:茭白病虫害主要有锈病、胡麻斑病、纹枯病、二化螟、大螟、长绿飞虱等,应及时做好防治工作。

(4) 采收　8~9月及时采收茭白。

水芹栽培技术:

(1) 品种选择　选择耐低温、生长势强、产量高的品种,如无锡玉祁水芹、通州水芹等。

(2) 整地施肥　茭白收获后及早深耕晒垡,然后上水沤田。结合整地施足基肥,每亩施腐熟鸡粪1 500千克、碳酸氢铵40千克、过磷酸钙30千克和钾肥20千克。整地时要将田耙平。在田的四周开小沟,沟宽30~40厘米,深20厘米左右,田内沟系宽20~30厘米,深15厘米左右。同时要加固加高田块四周田埂,使田内水层最高能达30厘米左右。

(3) 选种　从留种田收割种茎,选择茎秆粗0.8~1.0厘米、长1米左右,上下粗细一致,节间紧密,腋芽较多而充实,无病虫害的成熟茎秆作为种株,催芽前应切除种株梢部(茎尖端)的腋芽(弱势芽)。

（4）催芽　催芽一般在种植前10天左右进行。催芽前先将种株整理齐，去掉杂物，剪除顶梢部分，并捆成直径20厘米的圆捆，每捆用绳扎2～3道，然后选择通风凉爽的地方堆放。堆放前先在地上垫少量干净柴草，再将种捆按5～6捆横一层竖一层交叉堆放在催芽处。种捆间保持5厘米左右的距离，使空气流动。种堆高度以1～1.5厘米为宜。堆好后在种堆周围和上面用稻草覆盖保湿，夜晚将覆盖物揭去以便通风。每天昼覆夜揭，并上午8时和下午4～5时各用凉水将种堆浇透一次，每隔两天翻堆一次，翻堆时要调换种捆位置，使催芽一致。待母茎上大多数腋芽萌发至2～3厘米时，即可排种。

（5）排种　一般在10月中旬排种，将催好芽的母茎用刀切成30厘米长的茎段。排种时将茎基部切成段，与中段分开使用，以利于出苗整齐一致。排种时从茭田套种行的一头向另一头均匀排放，种茎间距5～6厘米。一般每亩排种量100千克左右。排种时边排边抹平脚印塘，力求排平，排匀，使种株充分接触地面，以利扎根。为了便于操作，排种时灌薄水层，排种后放水，保持沟内有大半沟水，田面充分湿润而无积水，以免引起烂根、烂芽，以及高温使水温升高而烫伤芽苗。

（6）田间管理　①匀苗补苗。排种后待秧苗自根系形成后，结合除草进行匀苗补苗，把生长过密的苗连根拔起，每2～3株一簇，补于缺苗处、过稀处，使田间秧苗分布均匀。②水层管理。当大多数母茎腋芽萌生的新苗已生根放叶时，搁田1～2天，使土壤稍干至表面出现细丝裂纹，促进根系深扎，然后灌浅水3厘米左右，随着苗的生长，加深水层至10～15厘米，保持植株露出水面15～20厘米。入冬后，如遇寒流，灌深水防冻害，使水芹顶端露出水面3厘米即可。③追肥。一般追肥3次，在幼苗2～3片叶开始，每隔10天追施一次。每亩第一次追施氮磷钾复合肥20千克左右，以后每次追施复合肥15千克或尿素10千克＋钾肥1千克，入冬后不再追肥。④深栽软化。水芹浅水栽培常进行深栽软化，提高品质。在苗高30厘米时，将5株左右秧苗拔起并为一束，理齐根部，深栽入泥15厘米，苗间距15厘米×15厘米。深栽时，注意不卷根、不没心、不歪斜，大苗深栽，小苗浅栽，使田间植株整齐一致。深栽的水芹，采收时入土部分白嫩，商品性佳，品质好。但深栽后不能追肥，以免引起腐烂。⑤病虫害防治。水芹浅水栽培虫害较少，病害主要有水芹斑枯病和水芹锈病。水芹斑枯病用65%代森锰锌可湿性粉剂500倍液、或58%甲霜灵可湿性粉剂500倍液、或75%百菌清600倍液等防治；水芹锈病可用12.5%烯唑醇可湿性粉剂3 000～2 500倍液、或10%苯醚甲环唑可湿性粉剂2 000～2 500倍液、或20%腈菌唑乳油1 500倍液、或10%苯甲·丙环唑1 000～2 000倍液等防治。每隔7～10天防治一次，杀菌剂交替使用，连续防治2～3次。

（7）采收 一般在11月下旬上市，可采收到翌年4月上旬。

茭白—水芹套种模式

8.大棚茭白—瓜类套种模式

浙江省缙云县农业局和浙江省农业科学院植物保护与微生物研究所首先开展了茭白田套种丝瓜模式的研究，该技术模式已申请国家发明专利。目前，与大棚茭白套种瓜类成功的是丝瓜和苦瓜。

插口安排及效益：茭白7月中下旬种植，10～12月收获秋茭，12月大棚茭白覆膜，翌年4～5月收获夏茭。丝瓜3月上中旬育苗，4月在棚间培制土墩套种丝瓜，5月引蔓上架，6～8月采收。该模式既为茭农增加一季丝瓜收入，套种的丝瓜枝蔓又为高温期的茭白遮阴降温，有利于茭白生长。每亩秋茭产量 1 500 千克，产值 3 600 元；夏茭亩产 2 200 千克，产值 7 900 元；丝瓜亩产 1 500 千克，产值 3 300 元；全年亩产值达 14 800 元。若种植苦瓜，每亩苦瓜产量 2 000 千克，2.5 元/千克，产值 5 000 元；全年亩产值达 16 500 元。经济效益非常显著。

大棚茭白栽培技术：同双季茭白设施栽培技术。

丝瓜栽培技术：

（1）品种选择　选用较耐水淹的普通丝瓜品种，如嵊州白丝瓜、春丝 1 号等。

（2）培制土墩　在大棚行间每隔 1.5 米培制一个土墩，用竹篓围住，土墩直径要求 40 厘米以上，土墩高度要求 50 厘米以上，泥土事先混施农家肥。

（3）育苗定植　丝瓜 3 月中旬穴盘或营养钵播种育苗，4 月下旬秧苗四叶一心时，选择晴天定植。每个土墩定植 4 株，每亩栽 240 株左右。

（4）引蔓上架　在大棚内离水面 1.5 米高度拉设尼龙丝网，待丝瓜蔓藤长到 50 厘米后用尼龙绳或竹竿引蔓到尼龙丝网，丝瓜结果后从网洞垂挂下来，瓜蔓整理、采收都在伸手可及的高度，便于操作。

（5）植株整理　丝瓜主侧蔓均能开花、结果，一般以主蔓结果为主。丝瓜开花后，将主蔓基部 0.5 米以下的侧蔓全部摘除，保留较强壮的侧蔓，每个侧蔓在结 2～3 个瓜后摘顶。

（6）肥水管理　茭白田常年有水，培植丝瓜的土墩置于茭白田中，水分相对充足，不需要浇水。出现雌花后进行第一次追肥，每亩施复合肥 3 千克，在土墩中进行兑水浇施或撒施，坐果后再追施一次，每亩施复合肥 3 千克。6 月下旬左右丝瓜根系已伸展至篓底部，此时可在篓底部外围撒施肥料，以利吸收。丝瓜进入采收盛期，每采收两次追肥一次，每次每亩施复合肥 3～5 千克。

（7）病虫害防治　丝瓜在整个生育期主要病虫害有霜霉病、白粉病及蚜虫、瓜绢螟等，需及时对症下药防治。

（8）及时采收　丝瓜连续结果性强，盛果期果实生长较快，可每隔1～2天采收一次。嫩瓜采收过早产量低,过晚果肉纤维化,品质下降。采收时间宜在早晨,用剪刀齐果柄处剪断,采收时必须轻放,忌压。

(9)适期拉蔓下架 至9月初,盛夏期过后,气温开始下降,丝瓜过了盛采期,应及时拉蔓下架,将枝叶清理干净销毁。

苦瓜栽培技术:苦瓜的栽培方法基本同丝瓜。

(1)品种选择 一般选择耐高温性较好的中熟品种,如璧绿等。

(2)育苗定植 3月中旬穴盘或营养钵播种育苗,选用根系耐水性好的丝瓜作为砧木进行嫁接,以增强苦瓜的耐水性。4月下旬至5月初当苦瓜秧苗有3～4叶时定植。每个土墩定植4株,每亩栽250株左右。定植时嫁接口要露出土面2厘米以上,防止接穗生根入土。

引蔓上架、植株整理、肥水管理、病虫害防治等方法同丝瓜。

茭白—丝瓜套种模式

茭白—苦瓜套种模式

丝瓜

苦瓜

五、茭白主要病虫害发生与防治

随着茭白产业大面积发展，茭白病虫害问题日益突出，已严重威胁着茭白生产可持续发展。据初步统计，我国茭白生产中发生的病虫害较常见的有30余种，其中茭白二化螟、长绿飞虱、福寿螺、茭白锈病、胡麻叶斑病和纹枯病等发生频率高，危害严重，对茭白产量和品质造成严重影响。了解茭白病虫害的发生规律，进行有效防控，是茭白稳产、高产和优质的重要保障。

在茭白不同栽培模式中，茭白病虫害的发生种类和发生规律差异较大。在高山单季茭白栽培模式中，茭白病虫害主要是茭白锈病、胡麻叶斑病、纹枯病、长绿飞虱，病害最早发生在5月中下旬，虫害最早发生在5月上中旬；在双季茭白露地栽培模式中，茭白病虫害主要是二化螟、长绿飞虱、茭白锈病、胡麻叶斑病、福寿螺，螟虫最早发生在4月初，长绿飞虱最早发生在4月下旬，病害最早发生在4月下旬；在双季茭白设施栽培模式中，茭白病虫害主要是茭白锈病，病害最早发生3月下旬至4月初。

茭白病虫害防治必须坚持"预防为主，综合防治"的植保方针，优先使用物理诱杀、生物控制方法，推荐使用环境友好型高效低毒农药，并进行专业化统防统治，推荐使用弥雾机进行喷雾防治。主要方法有害虫性诱剂、杀虫灯、黄色粘虫板、田埂种植诱虫作物、释放天敌、茭白田养鸭（甲鱼）、生物农药和高效低毒化学农药等。各种防治方法的具体使用技术详见《茭白病虫草害识别与生态控制（彩图版）》（陈建明等编著，中国农业出版社，2016年1月出版）。

1. 二化螟发生与防治

发生特点：二化螟在
茭白田中一年发生3~4
代。以老熟幼虫在茭白残
茬中越冬，3月底4月初
开始化蛹，4月中下旬达
化蛹高峰，5月上旬结束
化蛹。4月中下旬至5月
初为越冬代幼虫的羽化高
峰期。成虫白天多静伏在
茭白植株下部，趋光性甚
强，对黑光灯反应敏感。

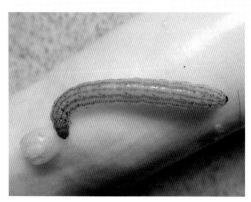

茭白二化螟幼虫

卵多产在茭白植株的心叶、倒一叶、倒二叶的叶片背面，产卵高度
一般离水面30厘米以上。1~3代卵孵高峰期分别约为5月上旬至中
旬初，7月上旬至中旬初，8月下旬至9月上旬。以幼虫危害茭白主茎
叶鞘或分蘖的心叶，蛀虫多的叶鞘上出现大片水渍斑，以后逐渐变
成暗红色，严重时枯心，叶鞘外常有虫孔。

防治方法：

（1）茭白采收完毕后，应将植株齐泥割除，带出田外集中处理，
减少残留活虫。当气温达到18℃以上时，茭白田灌深水（15~20厘
米）淹没残茬5~7天，可淹死越冬幼虫。在田间管理中及时清除虫
伤叶鞘。茭白田周围种植诱虫植物（如香根草）诱集二化螟成虫产
卵，并集中处理，能有效减轻茭白田二化螟危害。

（2）在二化螟成虫（蛾子）发生期用灯光诱杀，尤其是频振式
杀虫灯诱杀效果更好，也可用二化螟性诱剂、糖醋酒液诱杀，或者
在茭白田养鸭，或者用灯光诱杀+性诱剂+茭白田养鸭组合防治。

（3）非常必要时，在二化螟卵孵化高峰期至低龄幼虫期，用
20%氯虫苯甲酰胺乳油15~20毫升/亩，或氯虫·噻虫嗪20~30克/

亩，或5.7%甲维盐水分散剂15~20毫升/亩，或18%杀虫双洒滴剂250~300毫升/亩，兑水45~60千克，也可用1%甲氨基阿维菌素苯甲酸盐微乳剂2 000倍液，主要对茭白植株叶鞘部位喷雾。另外，雷根藤根皮乙醇粗提取物600~800毫克/升、夹竹桃叶乙醇提取物800~1 000毫克/升、银杏叶乙醇提取物5~8克/升对二化螟也有较好的防治效果。

2. 长绿飞虱发生与防治

长绿飞虱成虫、若虫及危害状

发生特点：长绿飞虱以滞育卵在茭白残茬的叶片或叶鞘中越冬，越冬卵于翌年2月下旬开始发育，3月底至4月初孵化，越冬代初孵若虫体色灰褐，其他代次为浅黄色。4月底至5月初若虫羽化，在茭白叶片上产卵，部分迁移到新茭田危害。卵多产在叶片正面的中脉组织中。长绿飞虱在各地发生代数差异大，在浙江一年发生5代，5月上旬第一代成虫高峰期，6月中旬第二代成虫高峰期，新茭田的虫源主要来源于此代。7、8月第三、四代成虫因高温天气种群数量很低，基本不会对茭白生长构成威胁。9月下旬第五代成虫高峰期，种群数量大。第二代和第五代是主害代，第三、四代发生不重，但这两代在高山茭白上发生较重，需要积极防治。在湖北一年发生4代，每年7~8月危害最重。长绿飞虱的发生与环境关系较为密切。5~6月和9~10月的气候非常适合长绿飞虱生长发育和繁殖。成虫、若虫有群集性，在叶片中脉附近栖息，以口器刺吸叶片汁液危害。心叶、倒一叶和倒二叶受害最重，受害叶片发黄，严重时叶片从叶尖向基部逐渐枯萎，乃至全株枯死。

防治方法：

（1）3月底前清除地上部枯叶、枯鞘，消灭长绿飞虱越冬虫源，压低其虫口基数；茭白田埂种植有花植物（如豆科植物），利用寄生性天敌自然控制长绿飞虱。

（2）在长绿飞虱成虫发生期用灯光诱杀，尤其是频振式杀虫灯诱杀效果更好。也可用色板诱杀；在茭白田养鸭、养鱼来控制；用"灯光诱杀+色板诱杀+茭白田养鸭（鱼）"组合防治。

（3）在长绿飞虱若虫孵化高峰期或低龄若虫期，每亩用25%噻嗪酮可湿性粉剂50～80克，或25%噻虫嗪水分散粒剂15～20克，或20%啶虫脒可湿性粉剂15～20克，或50%吡蚜酮可湿性粉剂20～30克，或50%噻嗪酮+20%啶虫脒（2.2∶1）20～30克，兑水45～60千克喷雾。

3.福寿螺发生与防治

发生特点：福寿螺一生经过卵、幼螺、成螺3个阶段。在浙江省发生为不完全二代，包括越冬代和第一代，世代重叠。福寿螺主要以幼螺、成螺在农田、山塘、池塘、沟渠及土壤中越冬，翌年3月下旬至4月上旬开始活动，4月至7月

福寿螺及其卵块

中旬和9月中旬至11月是福寿螺的两次繁殖高峰期。4月上中旬福寿螺成螺开始产卵，卵产在茭白植株、杂草、石块等任何物体上。初产卵块呈明亮的粉红色至红色，在快要孵化时变成浅粉红色。5月第

一代成螺开始产卵,7~8月成、幼螺量达到最高峰,9~10月开始下降,11月开始随气温下降进入茭白丛基部或其他地方越冬。

防治方法:

(1) 福寿螺冬季在溪河渠道、茭田水沟低洼积水处越冬,应对越冬场所进行施药处理。特别严重田块,在茭白移栽前,利用机械化耕作,打碎、压碎福寿螺;或者与其他旱生作物进行轮作,减少种群。

(2) 茭白定植后,在茭田四周开一条沟,利用分蘖期间搁田1~2次,把福寿螺引到水沟,集中施药处理。在茭田灌溉水进出口处放一张金属丝或毛竹编织的网,可有效阻止福寿螺在田间相互传播。

(3) 福寿螺产卵期间,在早晨和下午福寿螺最活跃时进行人工捡螺、摘卵;也可用毛竹竿(桩)诱集福寿螺产卵,减少卵量;也可在田里放芋头、香蕉、木瓜等引诱物诱集福寿螺。

(4) 在福寿螺幼螺期间,利用茭白田套养中华鳖(鸭)捕食福寿螺,控制其发生数量。

(5) 在福寿螺幼螺期间,用45克/米^{2}生石灰、3~5千克/亩茶籽饼直接施到耕好的田块或排水沟中。1.7%印楝素乳油500~1000倍液、夹竹桃叶乙醇提取物200~400倍液,对福寿螺幼螺也有较好杀螺效果。

4. 锈病发生与防治

发生特点:茭白锈病以病菌菌丝体及冬孢子在茭白老株和病残体上越冬,翌年茭白生长期间,夏孢子借气流传播进行初侵染,病部产生的夏孢子不断进行再侵染使病害蔓延,茭白生长季节结束后,病菌又在老株和病残体上越冬。茭白锈菌喜温暖潮湿环境,气温14~24℃适于孢子发芽和侵染,最适发病生育期为分蘖期至孕茭期,发病潜育期5~10天。梅雨期连续多阴雨有利于病害发生。夏秋高温多雨的年份发生重;连作田块、排水不良田块、偏施氮肥、生长茂密、通透性差的田块发病重。据在缙云县大洋镇高山茭白田间连续十多年观察，高山单季茭白锈病初发期主要在4月下旬，严重发生期出现在6月中下旬。若春季干旱，则病害发生推迟，直到5月上旬出现症状，严重发生期也推迟到7月上中旬。

茭白锈病田间严重发病症状

但不同品种有所差异，象牙茭相对感病，初发期比美人茭、丽茭1号提早2～5天，严重期提早5～8天。

防治方法：

（1）多年连作种植在偏酸性土壤，病害发生严重，可在早春移栽前每亩施生石灰75～100千克，施后保水5天以上。

（2）在12月至翌年1月期间，清除田边枯叶，集中处理，减少病原菌基数；在茭白分蘖后期，需多次清除黄（病、枯）叶，增强田间通风透光。

（3）合理施肥，适当增加磷钾肥，并配施适量锌、硅、硼等微量元素肥料；科学灌溉，生长前期浅水灌溉促分蘖，中后期搁田抑制无效分蘖。

（4）药剂防治，施药时间掌握在发病初期。防治茭白锈病效果较好的药剂有12.5%烯唑醇可湿性粉剂3 000～2 500倍液、10%苯醚甲环唑可湿性粉剂2 000～2 500倍液、20%腈菌唑乳油1 500倍液、10%苯甲·丙环唑1 000～2 000倍液等。每隔7～10天防治一次，杀菌剂交替使用，连续防治2～3次，茭白孕茭期慎用杀菌剂。

5. 胡麻叶斑病发生与防治

茭白胡麻叶斑病田间发病症状

发生特点：茭白胡麻叶斑病的病原菌以菌丝体和分生孢子在茭白老株病叶上越冬。病菌喜欢高温高湿的环境，适宜发病温度范围为15～35℃，最适28℃，相对湿度在85%以上。最适发病生育期为成株期、采收期，发病潜育期5～7天。长江中下游地区主要发病盛期在6～9月。一般6月初见，但年度间差异较大。温度高、湿度大、通风透光性差，十分有利于病害发生和流行，尤其在大棚种植的环境下，发生严重。在茭白分蘖生长期间，当温度大于20℃、雨日连续2天以上、相对湿度大于92%、光照少的天气开始出现后的半个月左右，田间开始发病且能见到胡麻叶斑病病斑。茭白田连作、土壤肥力不足或氮、磷、钾等失衡，发病严重。

防治方法：

（1）冬季清园　结合冬前割茬，收集病残老叶烧毁，减少越冬菌源。在茭白生长期间应经常剥除植株基部黄叶、病叶和无效分蘖，以减少病原菌源并改善通风透光条件，收获后及时清除残体，集中烧毁。

（2）加强健身栽培　适时适度晒田，提高根系活力，增强植株抗病能力；加强肥水管理，增施有机肥和合理施用氮肥，尤其要注重早施钾肥或草木灰。对于酸性较强的土壤，可适量施用生石灰和草木灰，能明显减轻胡麻叶斑病发生。土壤pH 4.5以下，每亩施生石灰100～150千克，土壤pH 5～6，每亩施生石灰50～75千克。

（3）轮作换茬　发病重的田块结合茭白品种更新时轮种其他作物，如茭白与旱生蔬菜轮作，以减少病菌在田间积累，减少病害发生。

（4）药剂防治　应掌握在发病初期及时用药。在发病初期用25%咪鲜胺乳油2 000～3 000倍液、20%腈菌唑乳油1 500倍液、50%异菌脲1 000～1 500倍液、2%春雷霉素可湿性粉剂250～300倍液、40%多硫悬浮剂700倍液、40%稻瘟灵乳油800倍液或45%咪鲜胺水乳剂1 000倍液喷雾防治。每隔7～10天防治一次，杀菌剂交替使用，连续防治2～3次，孕茭前停止用药。

6.纹枯病发生与防治

发生特点：病菌在土壤中或病残体、杂草或其他寄主植株上越冬，第二年田间病株上的菌丝与健株接触，或菌核借水流传播，进行再侵染。发病最适宜条件是温度25～32℃和相对湿度95%以上。最适发病生育期为分蘖期至孕茭期，发病潜育期3～5天。长江中下游的发病盛期在5～9月。高温多湿、种植过密、长期深灌水、偏施氮肥、缺乏钾素、连续种植多年的茭田发病重。在茭白田里，植株内的小气候对茭白病害发生的影响作用尤为明显，如田间湿度大，且茭株生长旺盛、基部通风透光性比较差，田间茭白纹枯病发生重。

茭白纹枯病田间发病症状

防治方法：

（1）发病严重的茭白田，最好进行水旱轮作。

（2）结合农事操作，及时清除下部病叶、黄叶，改善通风透光条件。

（3）加强肥水管理，适时、适度晒田。

（4）施足基肥，早施追肥，增施磷、钾肥，避免偏施氮肥，提高茭白植株抗性，减轻危害。

（5）药剂防治。药剂保护重点应针对植株上部的几片功能叶。发病初期用30%苯醚甲环唑·丙环唑乳油2 000倍液，或15%井冈霉素A可溶性粉剂1 500～2 500倍液、20%井冈霉素·三环唑悬浮剂1 000倍液、23%噻氟菌胺悬浮剂1 000～1 200倍液、5%井冈霉素水剂250～300倍液喷雾；50%异菌脲可湿性粉剂800～1 000倍液，隔7～10天喷1次，杀菌剂交替使用，连喷2～3次。

六、茭白田登记（立项支持登记）的农药

据查询中国农药信息网，截至2016年12月，我国在茭白上登记的农药共有5种（表6-1，表6-2），涉及3个防治对象，登记用于防治二化螟、长绿飞虱和胡麻斑病，其中阿维菌素、甲维盐等2种药剂防治二化螟；噻嗪酮防治长绿飞虱；防治胡麻斑病的有丙环唑、咪鲜胺等2种。

表6-1　我国在茭白上已登记的农药种类

序号	防治对象	农药品种	剂型
1	二化螟	阿维菌素	1.8%、3.2%、5%乳油，18克/升乳油，2%微乳剂
2	二化螟	甲氨基阿维菌素苯甲酸盐	2%、3%、5%微乳剂，5.7%水分散粒剂
3	长绿飞虱	噻嗪酮	65%可湿性粉剂
4	胡麻叶斑病	丙环唑	25%乳油，250克/升乳油
5	胡麻叶斑病	咪鲜胺	25%乳油

表6-2　茭白上已登记的5个药剂的使用及安全间隔期

药剂	防治对象	每亩制剂用量	使用方法	每季最多使用次数	安全间隔期	残留限量建议值（毫克/千克）
25%咪鲜胺EC	胡麻叶斑病	50～80毫升	喷雾	3	21天	0.1
25%丙环唑EC	胡麻叶斑病	15～20毫升	喷雾	2	21天	～
65%噻嗪酮WP	长绿飞虱	15～20克	喷雾	1	14天	0.5
5.7%甲维盐W克	二化螟	10～20克	喷雾	2	14天	0.02
5%阿维菌素EC	二化螟	13～18毫升	喷雾	2	14天	～

浙江省在茭白上立项支持登记的农药（表6-3）有：防治茭白锈病的甲基硫菌灵和多菌灵，防治胡麻叶斑病的咪鲜胺，防治二化螟的氟虫双酰胺·阿维菌素、氯虫苯甲酰胺和甲维盐，防治长绿飞虱的吡蚜酮和噻嗪酮，防治一年生杂草的吡嘧·丙草胺等。其中咪鲜胺、甲维盐、噻嗪酮等农药完成登记，其他农药正在进行药效试验和安全性评价，有望在未来3～4年内完成登记。

表6-3　浙江省在茭白上立项支持登记的农药

序号	防治对象	农药品种	实施单位	立项时间
1	茭白锈病	70%甲基硫菌灵WP	威尔达	2014
2	茭白锈病	50%多菌灵WP	泰达作物	2014
3	胡麻叶斑病	25%咪鲜胺EC	乐清化学	2012
4	二化螟	10%氟虫双酰胺·阿维菌素SC	拜耳公司	2014
5	二化螟	20%氯虫苯甲酰胺SC	美国杜邦	2014
6	二化螟	5.7%甲维盐WDG	永农生物	2012
7	长绿飞虱	50%吡蚜酮WP	上虞银邦	2012
8	长绿飞虱	65%噻嗪酮WP	浙江锐特	2012
9	一年生杂草	36%吡嘧·丙草胺WP	美丰农化	2015

1. 阿维菌素

阿维菌素别名蓝锐、虫螨杀星、虫螨光、螨虫素、爱福丁等，是一种抗生素类杀虫剂，具有高效、广谱杀虫、杀螨、杀线虫作用。对昆虫和螨类具有触杀、胃毒和微弱熏蒸作用，无内吸作用。对叶片有很强的渗透作用，可杀死表皮下的害虫，且残效期长，但不杀卵。成、若螨和昆虫接触药剂后即出现麻痹症状，不活动、不取食，2～4天后死亡。因不引起昆虫迅速脱水，所以致死作用较慢。对高等动物高毒。对眼睛有轻度刺激。对鱼类有毒，对蜜蜂高毒；对鸟类低毒。在土壤中，能被微生物迅速分解，无生物富集。广谱性杀虫剂，主要用于防治水稻、蔬菜、棉花、果树、茶叶等作物的鳞翅目和螨类害虫。常用剂型有0.2%、0.5%、1%可湿性粉剂，0.2%、0.3%、0.5%、0.6%、1%、1.8%、2%乳油，0.5%微乳剂，0.5%颗粒剂等。防治稻纵卷叶螟，每亩用0.2～0.4克兑水40～50千克喷雾。防治蚜虫，每亩用1～2毫克/千克兑水40～50千克喷雾。防治叶螨，用1～1.5毫克/千克兑水喷雾。在低龄幼（若）虫高峰期喷药，最好在卵孵化盛期施药。

注意事项：①对蜜蜂、鱼类等水生生物、家蚕有毒，施药期间应避免对周围蜂群的影响，开花植物花期、蚕室和桑园附近禁用。远离水产养殖区施药，禁止在河塘等水体中清洗施药器具，不能污染水源。赤眼蜂等天敌放飞区域禁用。②施药时注意防护，避免吸入药液。施药期间不可吃东西和饮水。施药后应及时洗手和洗脸。③建议与其他作用机制不同的杀虫剂轮换使用。④妥善处理废旧容器。清洗器械水不要倒入水道、池塘、河流。⑤孕妇及哺乳期妇女禁止接触本品。

2. 甲氨基阿维菌素苯甲酸盐

甲氨基阿维菌素苯甲酸盐简称甲维盐，是从发酵产品阿维菌素B$_1$开始合成的一种新型高效半合成抗生素，具有超高效、低毒（制剂近无毒）、低残留、无公害等生物农药的特点。可以增强神经质如谷氨酸和γ-氨基丁酸(GABA)的作用，从而使大量氯离子进入神经细胞，使细胞功能丧失，扰乱神经传导，幼虫接触后马上停止进食，发生不可逆转的麻痹，在3～4天内达到最高致死率。对鳞翅目害虫、螨虫、鞘翅目及同翅目害虫的幼虫和其他许多害虫的活性极高，具有高效、广谱、安全、残效期长的特点，为优良杀虫、杀螨剂，既有胃毒作用又兼具触杀作用，在非常低的剂量(0.084～2克/公顷)下具有很好的效果，对益虫没有伤害，不易使害虫产生抗药性，对人畜安全，可与大部分农药混用。使用时添加菊酯类农药可以提高速效性，在作物的生长期内间隔使用效果较好。目前在国内登记的有0.2%、0.5%、0.8%、1%、1.5%、2%、2.2%、3%、5%、5.7%

等多种含量，还有3.2%甲维氯氰复制剂。防治十字花科蔬菜上的斜纹夜蛾，每亩用0.05～0.2克，兑水50千克喷雾。

注意事项：①不宜与碱性物质混用。②对蜜蜂、家蚕剧毒，对鱼高毒，对鸟中毒。施药期间应避免对周围蜂群的影响，开花植物花期、蚕室和桑园附近禁用。远离水产养殖区、河塘等水体施药，禁止在河塘等水体中清洗施药器具。赤眼蜂等天敌昆虫放飞区禁用。用后包装物妥善处理。③建议和其他作用机理不同的杀虫剂轮换使用。④施药时注意防护，不要迎风施药。不可吃东西和饮水，施药后应及时洗手和洗脸。孕妇、哺乳期妇女及过敏者禁用。

3. 吡蚜酮

吡蚜酮别名叫吡嗪酮，是瑞士诺华公司开发的新型杂环类（吡啶类或三嗪酮类）杀虫剂，具有高效、低毒、高选择性、对环境友好等特点。其作用方式独特，主要影响昆虫取食行为，使其饥饿而死，对幼虫和成虫均有效。对害虫不具有"击倒"效果。具有优异的阻断昆虫传毒功能，对害虫具有触杀作用，同时还有内吸性。在植物体内既能在木质部输导，也能在韧皮部输导，因此既可叶面喷雾，也可用于土壤处理。可防治大部分同翅目害虫，尤其是蚜虫科、粉虱科、叶蝉科和飞虱科等害虫。适用于水稻、蔬菜、棉花、果树等多种作物。

注意事项：喷雾时要均匀周到，尤其对目标害虫的危害部位。

4. 噻嗪酮

噻嗪酮又名优得乐、扑虱灵、稻虱净、灭幼酮，是一种昆虫生长调节剂类新型选择杀虫剂。对害虫有较强的触杀作用，也有胃毒作用。对卵孵化有一定的抑制作用，但不能直接杀死成虫，可缩短其寿命，减少产卵量，并且产出的多是不育卵，幼虫即使孵化也很快死亡。药效期长达30天以上。对天敌较安全，综合效应好。对高等动物低毒。对眼睛和皮肤有极轻微刺激作用。对鸟类及鱼类毒性低，对蜜蜂安全，对多种天敌昆虫无影响。在水土中保持活性20～30天。对同翅目的飞虱、叶蝉、粉虱及介壳类害虫有良好防治效果，对鞘翅目、蜱螨目具有持效杀幼虫活性，药效期长达30天以上。常用剂型有20％、25％、65％可湿性粉剂，25％乳油，40％胶悬剂，8％展膜油剂。防治飞虱、叶蝉，每亩用25％可湿性粉剂50～75克，兑水40～50千克，或者用25％可湿性粉剂1 500～2 000倍液，在飞虱低龄若虫高峰期喷雾。

注意事项：①不可与呈碱性的农药等物质混合使用。②对人、畜毒性较低，对天敌较安全。远离水产养殖区用药，禁止在河塘等水体中清洗施药器具；避免药液污染水源地。③施药时注意防护，避免吸入药液。施药期间不可吃东西和饮水。施药后应及时洗手和洗脸。孕妇及哺乳期妇女禁止接触本品。④建议与其他作用机制不同的杀虫剂轮换使用。⑤用过的容器应妥善处理，不可做他用，不可随意丢弃。

5.丙环唑

丙环唑是一种具有保护和治疗作用的内吸性三唑类杀菌剂，可被根、茎、叶部吸收，并能很快地在植株体内向上传导。具有杀菌谱广、活性高、杀菌速度快、持效期长、内吸传导性强等特点。属于甾醇抑制剂中的三唑类杀菌剂，其作用机理是影响甾醇的生物合成，使病原菌的细胞膜功能受到破坏，最终导致细胞死亡，从而起到杀菌、防病和治病的功效。可以防治子囊菌、担子菌和半知菌引起的病害，特别对锈病防效好，但对卵菌类病害无效。常用剂型为25％EC。防治小麦纹枯病，每亩用25％乳油20～30毫升，防治小麦叶锈病用25％乳油30～35毫升，兑水60～75千克喷雾。

注意事项：①不能和碱性物质混合使用。②对鱼类中等毒性。要远离水产养殖区用药，禁止在河塘等水体中清洗施药器具。③储存温度不得超过35℃。④药后1～2小时即可内吸，不怕雨水冲刷，持效期较长。⑤建议与其他作用机制不同的杀菌剂轮换使用。

6. 咪鲜胺

咪鲜胺是一种咪唑类杀菌剂，高效、广谱、低毒，具有传导、预防保护、治疗和铲除作用，抑制真菌甾醇的生物合成，对于子囊菌和半知菌所引起的病害有特效，为优良果蔬保鲜剂。用于防治水稻恶苗病、胡麻叶斑病、小麦颖枯病等。处理谷物种子可预防种传和土传病害，与萎锈灵或多菌灵混用拌种，对腥黑穗病和黑粉病有极佳防治效果。常用剂型有25%乳油，50%悬浮剂，25%、50%可湿性粉剂。防治胡麻叶斑病，用25%乳油2 000～3 000倍液喷雾。

注意事项：①不可与强酸性、强碱性农药等物质混用。②对鱼类有毒，不可污染鱼塘、河道等。禁止在河塘等水体中清洗施药器具。③施药时注意防护，不得吸烟、饮水、进食。药后立即洗手洗脸。④建议与其他作用机制不同的杀菌剂轮换使用，以延缓抗性产生。

7. 甲基硫菌灵

甲基硫菌灵又名甲基托布津、桑菲纳，系广谱内吸性杀菌剂，具有保护和治疗作用。广泛应用于防治粮、棉、油、蔬菜、果树等作物的多种病害。对稻瘟病、纹枯病、锈病、白粉病、炭疽病、褐斑病等病害有效。主要干扰病菌菌丝形成，影响病菌细胞分裂，使细胞壁中毒，孢子萌发长出的芽管畸形，从而杀死病菌。残效期5～7天，主要用于叶面喷雾，也可用于土壤处理。水悬浮液长期储存时或被植物吸收进入植物体内后，能分解成甲基苯并咪唑-2-氨基甲酸酯（多菌灵）。对高等动物低毒，对皮肤和眼睛有刺激性。常用剂型有50%、75%可湿性粉剂，40%悬浮剂。防治稻瘟病、纹枯病等，每亩用70%可湿性粉剂70～100克，加水40～50千克喷雾，隔7～10天喷一次，连喷2～3次。

注意事项：不能与铜制剂或碱性农药混用。不能与多菌灵轮换使用，因为它们之间有交互抗性。储存于阴凉、干燥处。安全间隔期为14天。

8. 多菌灵

多菌灵又名苯并咪唑44号、多菌灵盐酸盐、防霉宝、棉菱灵，属苯并咪唑类、内吸、广谱性杀菌剂，广谱内吸治疗和保护作用，有明显向顶端输导性能。主要作用机理干扰菌的有丝分裂中纺锤体的形成，从而影响细胞分裂。对高等动物低毒。对兔眼睛和皮肤无刺激作用；对鱼类、蜜蜂毒性很低。能防治多种农作物的多种病害，如稻瘟病、纹枯病、小球菌核病等真菌性病害。常用剂型有25%、50%可湿性粉剂，40%超微可湿性粉剂，40%悬浮剂。防治稻瘟病、纹枯病，每亩用50%可湿性粉剂100克，加水50千克喷雾。在发病初期施药，每隔7～10天喷一次，连喷2～3次。

注意事项：不能与铜制剂混用。与杀虫剂、杀螨剂混用时要随混随用，不宜与碱性药剂混用。易吸潮，防止日晒雨淋，存放于阴凉干燥处；不得与种子、粮食、饲料。食品混放。

9. 氯虫苯甲酰胺

氯虫苯甲酰胺又名康宽，属于邻酰胺基苯甲酰胺类杀虫剂，具有新颖的作用机理，是一个广谱性的杀虫剂。对皮肤无刺激性，对眼睛有轻微刺激，72小时内消除。主要通过与害虫肌肉细胞的鱼尼丁受体结合，导致受体通道非正常时间开放，钙离子从钙库中无限制地释放到细胞质中，致使害虫瘫痪死亡。对鳞翅目的害虫幼虫活性高，用药后使害虫迅速停止取食，对作物保护作用好。耐雨水冲刷，渗透性强，持效期可以达到15天以上。原药和制剂在我国的毒性分级标准中均为微毒，对施药人员安全，对稻田有益昆虫、鱼、虾也安全。对农产品无残留影响。对鱼、虾、蟹安全，但对家蚕毒性大。杀虫谱较广。主要用于防治卷叶螟、二化螟、三化螟、大螟等鳞翅目害虫。对稻瘿蚊、稻象甲、稻水象甲也有较好的防治效果。常用剂型有5%、20%悬浮剂，35%水分散粒剂。防治二化螟、三化螟，在卵孵化高峰期对水稻叶鞘部位施药，每亩用20%氯虫苯甲酰胺悬浮剂5～10毫升,兑水均匀喷雾,或者用20%氯虫苯甲酰胺悬浮剂3 000～4 000倍液喷雾。

注意事项:对家蚕毒性大,施药时防止污染桑叶。每季使用不要超过2次。

10. 氟虫双酰胺·阿维菌素

由氟虫双酰胺和阿维菌素按比例混配而成。其作用机理,氟虫双酰胺激活昆虫细胞内的鱼尼丁受体,与之结合,导致贮存钙离子的失控性释放,从而导致昆虫肌肉麻痹,最后瘫痪死亡。阿维菌素干扰神经生理活动,刺激释放 γ-氨基丁酸,而 γ-氨基丁酸对节肢动物的神经传导有抑制作用。作用方式以胃毒为主,兼具触杀作用。常用剂型有10%悬浮剂。防治二化螟和稻纵卷叶螟速效性好,持效期15天以上。在害虫卵孵化高峰期施药,每亩用10%氟虫双酰胺·阿维菌素悬浮剂30毫升,兑水30～45千克均匀喷雾。

注意事项:每个生长季最多施药2次,安全间隔期为28天。对部分鱼类有毒,严禁在养鱼田使用,不得将田水排入江河湖泊、水渠以及水生生物养殖的池塘,严禁在河流、湖泊、池塘和水渠中洗涤施用过本品的药械。应避免喷到桑叶上或使药剂飘移到桑树上。妥善处置盛装过本品的容器并将其置于安全场所。

11. 吡嘧·丙草胺

吡嘧·丙草胺是全国首家登记的漂浮大粒剂水田除草剂,为丙草胺和吡嘧磺隆的复配制剂,其中丙草胺属于选择性除草剂,可通过植物下胚轴、中胚轴和胚芽鞘吸收,抑制细胞分裂,吡嘧磺隆为支链氨基酸合成抑制剂,具有内吸性,经根部、叶片吸收并传导至分生组织,抑制杂草茎叶部生长和根部伸展。两者混合可用于防除移栽水田一年生杂草。大粒剂型的优点是计量准确,施药方便,田埂撒施,无需下田,大大解放劳动力,节约施药成本,较药土法、药肥法具有更好的药效,无粉层、无污染、无漂移,对周边作物安全。

茭白移栽返青后（移栽水稻3～5叶期，稗草1.5～3叶期）施药，沿田埂均匀撒施在稻田水面，每亩撒施10～20处。施药时水田应保持水层5～7厘米，水层深些更好。施药后保水7天，最短不少于5天。缺水、漏水时须及时补水。常用剂型有16%、20%、55%粉剂。在生产中，16%吡嘧·丙草胺可湿性粉剂，每亩用量为250～300克；20%吡嘧·丙草胺可湿性粉剂，每亩用量为75～100克。55%吡嘧·丙草胺可湿性粉剂，每亩用量为50～75克。

注意事项：插秧后遇到高温天气应等秧苗返青后、杂草出苗前再使用本品，每亩用50～75克拌土或拌肥撒施，施药前要有浅水层，药后5～7天最好保持浅水层，至少应保持田面湿润。施药田块应田面平整，高低不平会影响除草效果。稻苗露水未干不可施药，否则因药剂黏附在叶片上影响效果。禁止将施药田块的田水排到水产养殖区、河塘、藕田、蔺草田、荸荠田等其他田块中。

七、茭白敌磺钠残留量快速检测技术

敌磺钠又称敌克松、地克松，化学名称为对二甲胺基苯重氮磺酸钠，是一种常用的植物杀菌剂，对真菌中腐霉菌、黑穗病菌及多种土传病害有效，属保护性药剂。同时具有一定的内吸渗透作用，对作物兼有生长刺激作用。在茭白田间生产中发现，喷施适量敌磺钠能够促进茭白提前结茭。目前，在部分茭白产区个别茭农为了追求茭白经济效益最大化，通过在茭白生长前期开始高浓度施用敌磺钠来调节茭白的结茭时间，这可能导致茭白上敌磺钠的残留量超标。但至今仍缺乏茭白敌磺钠残留量的检测方法，需要建立茭白敌磺钠残留量的快速检测方法，明确敌磺钠对茭白产品的安全性，确保茭白产品符合绿色农产品质量标准。

本文建立了采用高效液相色谱串联质谱对茭白和茭白叶中敌磺钠残留进行检测的方法。通过基质标准曲线，消除检测过程中的基质效应，且添加回收的回收率与其精密度也相对较好，灵敏度高（茭白肉质茎的最低检出限为 0.004 7 毫克/千克，茭白叶的最低检出限为 0.017 8 毫克/千克），检测时间短（1 小时左右），适合日常快速检测。

1. 实验仪器与试剂

LCMS8050 液相色谱串联质谱（日本岛津公司），ST16R 离心机（赛默飞世尔公司）；电子天平：BSA2202S（德国赛多利斯公司）；漩涡混合器（TALBOYS）；KQ5200E 超声波清洗器（昆山舒美）。

乙腈（HPLC 级，美国 Tedia 公司）；甲酸（HPLC 级，Sigma 公司）；氯化钠（AR 级，上海凌峰化学试剂有限公司）；无水硫酸镁

（AR级，上海凌峰化学试剂有限公司）；水（实验室一级水）；微孔有机滤膜（0.22微米）。

2.样品处理与制样

对茭白肉质茎、茭白叶的处理方法有所不同，茭白肉质茎用匀浆机打成浆状，茭白叶用剪刀剪成长度约1厘米的小段。然后称取茭白匀浆液5.00克（或茭白叶2.00克，均精确至0.01克），于50毫升离心管中，加5.00毫升水与10.00毫升乙腈，涡旋1分钟混匀，超声20分钟提取，再加入4克无水硫酸镁和1克氯化钠，涡旋混匀后8 000转/分钟离心3分钟，取上清液1.00毫升，向内加入0.05克PSA与0.15克无水硫酸镁，涡旋混匀，8 000转/分钟离心3分钟，上清液过膜待测。

3.液相色谱与质谱条件

（1）液相色谱条件　色谱柱：费罗门Kinetex 2.6微米 XB-C18 100 Å（100×2.1毫米）；柱温30℃；流速0.25毫升/分钟；进样体积2微升；梯度程序见表7-1。

表7-1　液相洗脱程序

时间（分钟）	0.1%甲酸水溶液（%）	0.1%甲酸乙腈（%）
0.01	90	10
3.00	20	80
3.01	90	10
7.00	90	10

（2）质谱条件　毛细管电压4.0千伏，雾化气流量3.0升/分钟，加热气流量10.0升/分钟，加热块温度400℃，脱溶剂管温度250℃，雾化器接口温度300℃。多反应监测模式（MRM），电离方式为ESI(+)。其余相关参数见表7-2。

表7-2　敌磺钠质谱条件参数

检测参数	母离子	子离子	Q1偏转电压	碰撞能量	Q3偏转电压	离子类别
敌磺钠	148.10	120.15	−13	−13	−22	定量离子
	148.10	105.10	−13	−22	−19	定性离子

4. 实验结果

（1）敌磺钠全扫描　敌磺钠的分子式为$C_8H_{10}N_3O_3SNa$，相对分子质量为251.24，其结构式见图7-1。通过敌磺钠离子全扫描图见图7-2，得到敌磺钠的母离子峰可能为252.00，但其中148.10的离子片段信号强于252.00的离子片段信号。图7-3显示在含水体系中敌磺钠更容易形成B和C两种存在形式，B形式对与敌磺钠本身的结构更为稳定，且考虑到实验整体环境中是含有水的体系，在水与乙腈层分层时C更容易存在于水相中，而B存在于乙腈层，故选用148.10作为检测敌磺钠的前体离子较为合适。

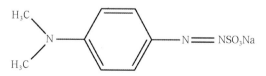

图7-1　敌磺钠结构式

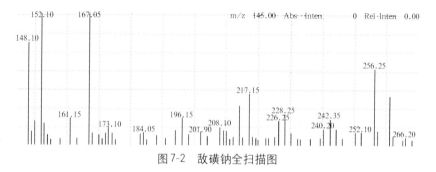

图7-2　敌磺钠全扫描图

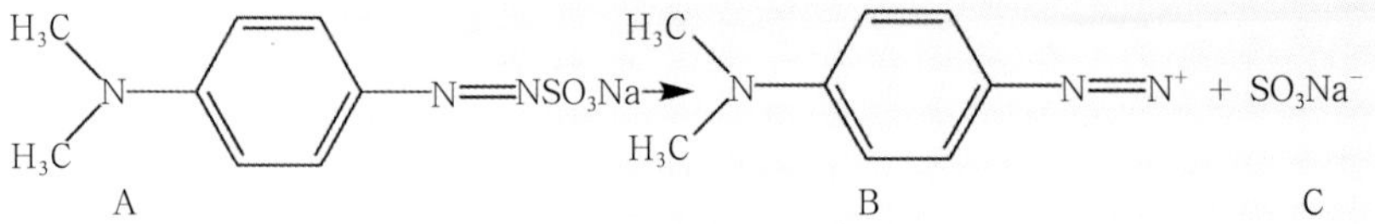

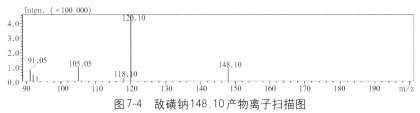

图7-3 敌磺钠结构分解图

对148.10前体离子进行产物离子扫描，出现的主要碎片离子峰有120.10与105.05(图7-4)。根据子离子的丰度和机制对它们的干扰，本文选择了148.10/120.10作为敌磺钠的定量离子。经过仪器自动优化后将敌磺钠的产物离子修改为120.15与105.10。

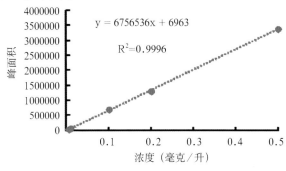

图7-4 敌磺钠148.10产物离子扫描图

（2）线性方程及检出限 取一定量的敌磺钠储备液（标准品配制出的高浓度溶液），用乙腈稀释成0.005、0.010、0.100、0.200、0.500 毫克/升的敌磺钠系列标样溶液，分别加入到空白基质中。以基质标样的浓度为横坐标，定量离子的峰面积为纵坐标，绘制成敌磺钠的标准曲线图（图7-5），得到线性回归方程y=6756536x+6963，R^2=0.9996，线性良好。

图7-5 敌磺钠标准曲线图

111

（3）回收率和精密度　选择0.01，0.100，0.200毫克/千克3个添加浓度进行茭白可食部分加标回收率实验，选择0.02，0.200，0.500毫克/千克3个添加浓度进行茭白叶加标回收率实验，回收率和精密度实验结果见表7-3。

表7-3　回收率和精密度实验结果（n=6）

样品	添加浓度（毫克/千克）	实测值（毫克/千克）	平均回收率（%）	RSD（%）
茭白肉质茎	0.010 0	0.010 4	104	3.9
	0.100	0.093 2	93.2	1.3
	0.200	0.165	82.5	0.9
茭白叶	0.020 0	0.019 9	99.5	0.4
	0.200	0.198	99.0	0.7
	0.500	0.403	80.6	0.6

如图7-6至图7-9所示，以3倍信噪比（$S/N=3$）所对应的最低档加标样品的检测浓度，确定本法茭白肉质茎的最低检出限为0.004 7毫克/千克，茭白叶的最低检出限为0.017 8毫克/千克。

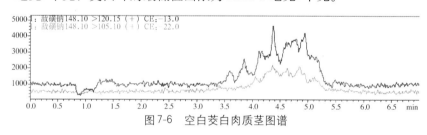

图7-6　空白茭白肉质茎图谱

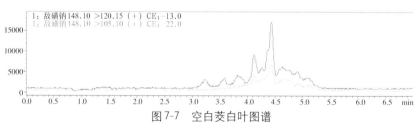

图7-7　空白茭白叶图谱

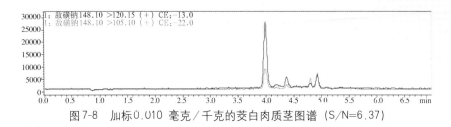

图7-8　加标0.010毫克／千克的茭白肉质茎图谱（S/N=6.37）

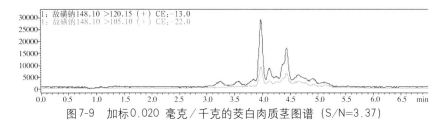

图7-9　加标0.020毫克／千克的茭白肉质茎图谱（S/N=3.37）

5.注意事项

因敌磺钠具有光不稳定的性质，见光极易分解，因此整个实验过程采取暗室操作，所有容器均在外层用锡箔纸包裹，制样与称量过程尽可能避光进行。最后采用棕色进样小瓶，净化后的待测样品不能在常温下放置超过24小时。

八、茭白冷库贮藏保鲜技术

茭白冷库贮藏保鲜技术包括茭白采收、预冷、挑选分级、切割、清洗晾干和包装、密封装箱、冷库消毒处理、茭白冷库存放和入库后管理等一系列环节。

（1）茭白采收　以茭白显著膨大，紧裹的叶鞘刚开裂时为采收适期。采收时留薹管 1 ～ 2 厘米，用锋利的不锈钢刀将其割断。在采收时要做到轻拿轻放，防止机械损伤。采收的茭白应选无病虫害，去鞘后留 2 ～ 3 张外壳，以保护茭肉。夏茭和梅茭应选在早晨6：00 ～ 8：00 采收，秋茭最晚不超过 10：00 采收。

（2）茭白预冷　茭白从田间采收后不能放在日光下暴晒，应尽快运到阴凉通风处摊放，散去热量，降低温度。尤其是高山单季茭白秋茭在采收后 6 ～ 8 小时内应及时将茭白用冷水进行预冷，使茭白的温度尽快降低。

（3）茭白挑选、分级　采收的茭白要进行挑选、分级处理。操作应在环境温度较低的地方进行。要严格挑选和剔除青茭、灰茭、断裂损伤茭以及虫茭、病茭，根据茭白大小和完整情况进行分级。

（4）茭白切割　茭白的个体长度以 30 厘米左右为宜，但对于不同茭白品种个体的合适长度可适当调节，茭白大头底面切口必须平整，以免割破塑料袋导致茭白变质腐烂。

（5）茭白清洗、晾干和包装　先将茭白放入清水池中清洗干净，然后捞出晾干。有些地方将茭白放入 0.05% ～ 0.1% 浓度的食品级茭白保鲜剂中浸泡 1 分钟，然后捞出晾干。将晾干的茭白轻轻地整齐地横放在保鲜袋内，每袋以 10 ～ 15 千克为宜，袋口敞开，入库，24 小时后封袋。

（6）茭白密封装箱　茭白用聚乙烯薄膜袋密封包装，外用60厘米 × 40厘米 × 30厘米（长 × 宽 × 高）的纸板箱盛装，每袋重量以10 ～ 25千克为宜。纸板箱在宽度方向两侧各开直径5厘米的3个通气孔。

（7）冷库消毒处理　茭白冷藏前应对冷库、贮藏架等先用清水冲洗地面、墙壁，彻底清扫干净，然后通风至干燥为止；或者先用漂白粉液喷洒地面、库墙、库顶及架子等消毒，再用清水冲洗干净，通风换气，保持冷库干洁。

（8）茭白冷库存放　贮藏架应分3 ～ 4层，总高度一般不超过库房空间高度的2/3。装茭白的纸板箱存放于贮藏架上。包装好的茭白存放于冷库大门的两侧，中间留过道宽度为50 ～ 60厘米。包装箱存放行距为25厘米，包装箱与冷库壁的距离10 ～ 12厘米。堆放高度要保证包装箱与进风口下端距离不小于5厘米。

（9）入库后管理　①温度控制。茭白入库前一天应将冷库温度

茭白贮藏保鲜冷库

降至－2℃。入满库后，要求在48小时内将冷库温度调至1～2℃，并保持至贮藏期结束。不同品种茭白最适贮藏温度略有不同，贮藏期间应防止库内温度急剧变化，波动幅度不超过±0.5℃，对靠近蒸发器及冷风出口处的茭白应采取保护措施，表面用覆盖物遮盖，以免发生冻害。库房温度要定时测量，其数值取不同测温点的平均值。库内相对湿度应保持在85%以上，若达不到要求，可用加湿器或人工方法补湿。②通风换气。茭白在冷藏期间会释放出许多气体，如乙烯、CO_2等，当这些气体积累到一定浓度后就会使茭白受到伤害。当库内CO_2的浓度高于15%或有浓郁的茭白味时，应及时通风换气，通风时间应在库内外温度接近时进行。

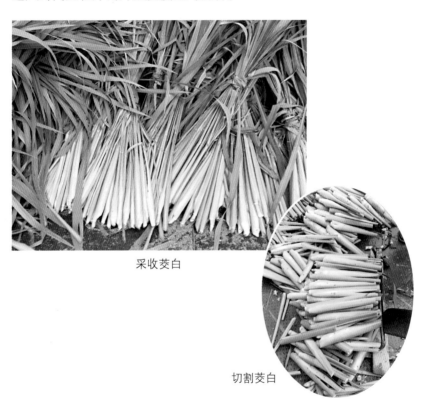

采收茭白

切割茭白

茭白阴干

茭白装箱

茭白入库

九、茭白叶工艺品制作技术

茭白叶加工工艺品是利用茭白叶的一种方法。在日本、韩国等国家有利用农作物编织的工艺品进行祭祀的风俗。在浙江省重大科技项目"高山茭白高效安全生产共性关键技术研究与示范"资助下，浙江省农业科学院植物保护与微生物研究所、缙云县农业局与缙云县茭白叶绿色环保编结厂合作开发茭白叶加工草圈、草帘等，这些工艺品已出口日本、韩国等地。结合前人的研究结果和笔者的实践经验，对茭白叶加工草圈、草帘等工艺品的技术介绍如下。

1. 加工场地准备

（1）**烘房建造**　单个烘房24米^3，长4米，宽2米，高3米，用砖砌成，无顶面，其余5个面的内、外墙体用水泥抹光。在一个侧面开一道小门，用于装卸货物。烘房下部为加热炉灶，炉灶长4米，宽2米，高1米，在高0.6米处留一个1.5米×0.8米×0.4米的空槽，作为烧火道，烧火材料可用木柴、煤和茭白叶加工下脚料。炉灶与烘房之间架一块4米×2米的铁板作为受热体，铁板厚度1.0～1.5厘米，四周嵌入墙体。距铁板30厘米的上方横向放一排10厘米×8厘米的槽钢，间隔30厘米，共12根。槽钢嵌入墙体固定，上铺一层钢筋粗网，钢筋直径4厘米，纵横间隔10厘米，粗网上再铺一层7目的铁丝网。在装卸小门的另一侧面安装一台0.5千瓦的鼓风机，高度在铁板和粗网之间。

（2）**仓库建造**　选择地势较高、离加工地点近的地方建仓库，根据加工能力确定仓库大小，一般年加工1吨茭白叶需仓库4～5米^3。仓库要防潮、避光，建造时不开窗，尽量少开门。在粉刷墙体时每50千克水泥加入5千克干燥剂，浇地面时要先铺一层2厘米厚的干燥剂，再铺水泥 5 厘米。

2.茭白叶准备

（1）初选　用于工艺品加工的茭白叶应符合"一青四无"标准，即色青、无病斑、无虫伤、无破损、无农药残留。从茭白植株叶耳处割下叶片，备用。

（2）晒干　选择晴天将叶片平铺于晒场晒一昼，含水量小于20% 即可，如遇阴雨天，或经白天晒后含水量仍超过20% 的，需进烘房烘干，直至达到含水量小于20% 的标准。

（3）分料　按茭白叶片长短进行分料，去除发黄的叶片，叶片长度在 120 厘米以下的用于加工草圈，在 120 厘米及以上的叶片需裁剪，从叶基部往叶尖处量取 65 厘米裁下，叶尖部用于加工草圈，其余部分用于加工草帘。

（4）烘干　用于加工草帘的材料必须进一步烘干，烘干时升温要快，将温度控制在 70～80℃ ,烘 8 小时，然后停止加温，打开烘房门，待冷却到室温时取出材料。升温过慢易造成茭白叶发黄。

（5）贮藏　来不及加工的材料要进仓库贮藏，用于草圈的材料在分料后扎捆进仓库，草帘材料经烘干后，先用黑色薄膜袋套装，装入纸箱，再进仓库。贮藏过程应避光，以防茭白叶发黄，影响工艺品品质。

3.加工草圈工艺

（1）编织　草圈由草绳制成，一条草绳做一个草圈，以草绳的长度为周长围成圆圈，两头扎紧，成圈后按规定大小剪去双头，剩下的头不能超过草圈的外径。按茭白叶长短编成不同长短的草绳，编织前把茭白叶浸水 15 分钟，使叶片含水量在 40% 以上，这时的叶片具有一定的韧度，便于编织。每条草绳由 3 股编成，按草绳长短每股 2～7 张叶。编织方法有手编和机编两种，每股 2～6 张叶的宜手编，每股 7 张叶的用机编。手工编织时，一定要反搓，不能顺搓。

机编一般一台机器两人操作,一人上料,一人拉绳,上料时把7张叶以基部为准对齐,塞入机器的编绳口,待3个编绳口都上好料后,开启机器。当草绳露出机器编绳头时,要马上拉绳,拉绳的速度一定要与机器转速同步,拉得太快,草绳过松,拉得太慢,草绳过紧。

(2)烘干 将编好的草圈存入铁筐(70厘米×50厘米×60厘米)放好,草圈存放高度不能高于筐面,否则易挤压变形,存好后连筐放入烘房慢火烘干,经2小时加温,温度可达60℃,维持此温度连续烘24小时,停止加热,待温度降至室温,开始第二次烘干,方法同前,维持60℃再烘6小时。草圈烘干一定要分两次,否则会造成草圈外干内湿,易发霉。

4.加工草帘工艺

(1)编织 在支架上固定3列尼龙绳(每列2条)作经线,经线间隔12厘米,一张叶片一层进行编织,当宽度达到35厘米时停止,把两边修剪整齐,即加工成60厘米×35厘米的草帘。

(2)烘干 把50片草帘平铺整齐叠放,在离长边10～15厘米的两边各扎一道包装绳,扎成捆,进烘房快速烘干,每个烘房一次最多放100捆。在半小时内把温度升到60℃,然后控制在60～70℃之间,连续烘6小时。

5.半成品装箱贮藏

经烘干的草圈、草帘用薄膜袋套装,装入纸箱,进仓库避光贮藏。所用薄膜袋为黑色0.5毫米厚PE袋,规格60厘米×50厘米×80厘米,纸箱规格80厘米×60厘米×100厘米。

6.成品

(1)编花 销售前按照客商的要求,把饰品编上花,用胶水粘好。

(2)包装 把经编花的工艺品装入专用包装袋,即为成品。

茭白叶准备过程

茭白叶草帘制作过程

茭白叶草圈制作过程

茭白叶草圈成品

附　录

附录1　农业部行业标准NY/T 391—2013 《绿色食品　产地环境质量》

绿色食品　产地环境质量

1　范围

本标准规定了绿色食品产地的术语和定义、生态环境要求、空气质量要求、水质要求、土壤质量要求。

本标准适用于绿色食品生产。

2　规范性引用文件

下列文件对于本文件的应用是必不可少的。凡是注日期的引用文件，仅注日期的版本适用于本文件。凡是不注日期的引用文件，其最新版本（包括所有的修改单）适用于本文件。

GB/T 5750.4　生活饮用水标准检验方法　感官性状和物理指标

GB/T 5750.5　生活饮用水标准检验方法　无机非金属指标

GB/T 5750.6　生活饮用水标准检验方法　金属指标

GB/T 5750.12　生活饮用水标准检验方法　微生物指标

GB/T 6920　水质　pH的测定　玻璃电极法

GB/T 7467　水质　六价铬的测定　二苯碳酰二肼分光光度法

GB/T 7475　水质　铜、锌、铅、镉的测定　原子吸收分光光度法

GB/T 7484　水质　氟化物的测定　离子选择电极法

GB/T 7485　水质　总砷的测定　二乙基二硫代氨基甲酸银分光光度法

GB/T 7489　水质　溶解氧的测定　碘量法

GB 11914　水质　化学需氧量的测定　重铬酸盐法

GB/T 12763.4　海洋调查规范　第4部分：海水化学要素调查

GB/T 15432　环境空气　总悬浮颗粒物的测定　重量法

GB/T 17138　土壤质量　铜、锌的测定　火焰原子吸收分光光度法

GB/T 17141　土壤质量　铅、镉的测定　石墨炉原子吸收分光光度法

GB/T 22105.1　土壤质量　总汞、总砷、总铅的测定　原子荧光法　第1部分：土壤中总汞的测定

GB/T 22105.2　土壤质量　总汞、总砷、总铅的测定　原子荧光法　第2部分：土壤中总砷的测定

HJ 479　环境空气　氮氧化物（一氧化氮和二氧化氮）的测定盐酸萘乙二胺分光光度法

HJ 480　环境空气　氟化物的测定　滤膜采样氟离子选择电极法

HJ 482　环境空气　二氧化硫的测定　甲醛吸收—副玫瑰苯胺分光光度法

HJ 491　土壤　总铬的测定　火焰原子吸收分光光度法

HJ 503　水质　挥发酚的测定　4氨基安替比林分光光度法

HJ 505　水质　五日生化需氧量（BOD_5）的测定　稀释与接种法

HJ 597　水质　总汞的测定　冷原子吸收分光光度法

HJ 637　水质　石油类和动植物油类的测定　红外分光光度法

LY/T 1233　森林土壤有效磷的测定

LY/T 1236　森林土壤速效钾的测定

LY/T 1243　森林土壤阳离子交换量的测定

NY/T 53　土壤全氮测定法（半微量开氏法）

NY/T 1121.6　土壤检测　第6部分：土壤有机质的测定

NY/T 1377　土壤 pH 的测定

SL 355　水质　粪大肠菌群的测定—多管发酵法

3　术语和定义

下列术语和定义适用于本文件。

环境空气标准状态　ambient air standard state

指温度为 273K，压力为 101.325kPa 时的环境空气状态。

4　生态环境要求

绿色食品生产应选择生态环境良好、无污染的地区，远离工矿区和公路、铁路干线，避开污染源。

应在绿色食品和常规生产区域之间设置有效的缓冲带或物理屏障，以防止绿色食品生产基地受到污染。

建立生物栖息地，保护基因多样性、物种多样性和生态系统多样性，以维持生态平衡。

应保证基地具有可持续生产能力，不对环境或周边其他生物产生污染。

5　空气质量要求

应符合表1要求。

表1　空气质量要求（标准状态）

项　目	指　标		检测方法
	日平均[a]	1小时[b]	
总悬浮颗粒物，mg/m³	≤ 0.30		GB/T 15432
二氧化硫，mg/m³	≤ 0.15	≤ 0.50	HJ 482
二氧化氮，mg/m³	≤ 0.08	≤ 0.20	HJ 479
氟化物，μg/m³	≤ 7	≤ 20	HJ 480
[a] 日平均指任何一日的平均指标。			
[b] 1小时指任何一小时的指标。			

6 水质要求

6.1 农田灌溉水质要求

农田灌溉用水，包括水培蔬菜和水生植物，应符合表2要求。

表2　农田灌溉水质要求

项　　目	指　　标	检测方法
pH	5.5 ~ 8.5	GB/T 6920
总汞，mg/L	≤0.001	HJ 597
总镉，mg/L	≤0.005	GB/T 7475
总砷，mg/L	≤0.05	GB/T 7485
总铅，mg/L	≤0.1	GB/T 7475
六价铬，mg/L	≤0.1	GB/T 7467
氟化物，mg/L	≤2.0	GB/T 7484
化学需氧量（CODcr），mg/L	≤60	GB 11914
石油类，mg/L	≤1.0	HJ 637
粪大肠菌群[a]，个/L	≤10 000	SL 355
[a] 灌溉蔬菜、瓜类和草本水果的地表水需测粪大肠菌群，其他情况不测粪大肠菌群。		

6.2 渔业水质要求

渔业用水应符合表3要求。

表3　渔业水质要求

项　　目	指　　标		检测方法
	淡水	海水	
色、臭、味	不应有异色、异臭、异味		GB/T 5750.4
pH	6.5 ~ 9.0		GB/T 6920
溶解氧，mg/L	>5		GB/T 7489
生化需氧量（BOD$_5$），mg/L	≤5	≤3	HJ 505
总大肠菌群，MPN/100mL	≤500（贝类50）		GB/T 5750.12
总汞，mg/L	≤0.000 5	≤0.000 2	HJ 597

（续）

项　　目	指　　标		检测方法
	淡水	海水	
总镉，mg/L	≤0.005		GB/T 7475
总铅，mg/L	≤0.05	≤0.005	GB/T 7475
总铜，mg/L	≤0.01		GB/T 7475
总砷，mg/L	≤0.05	≤0.03	GB/T 7485
六价铬，mg/L	≤0.1	≤0.01	GB/T 7467
挥发酚，mg/L	≤0.005		HJ 503
石油类，mg/L	≤0.05		HJ 637
活性磷酸盐（以P计），mg/L	—	≤0.03	GB/T 12763.4
水中漂浮物质需要满足水面不应出现油膜或浮沫要求。			

6.3　畜禽养殖用水要求

畜禽养殖用水，包括养蜂用水，应符合表4要求。

表4　畜禽养殖用水要求

项　　目	指　　标	检测方法
色度[a]	≤15，并不应呈现其他异色	GB/T 5750.4
浑浊度[a]（散射浑浊度单位），NTU	≤3	GB/T 5750.4
臭和味	不应有异臭、异味	GB/T 5750.4
肉眼可见物[a]	不应含有	GB/T 5750.4
pH	6.5～8.5	GB/T 5750.4
氟化物，mg/L	≤1.0	GB/T 5750.5
氰化物，mg/L	≤0.05	GB/T 5750.5
总砷，mg/L	≤0.05	GB/T 5750.6
总汞，mg/L	≤0.001	GB/T 5750.6
总镉，mg/L	≤0.01	GB/T 5750.6
六价铬，mg/L	≤0.05	GB/T 5750.6
总铅，mg/L	≤0.05	GB/T 5750.6
菌落总数[a]，CFU/mL	≤100	GB/T 5750.12

（续）

项　　目	指　　标	检测方法
总大肠菌群，MPN/100mL	不得检出	GB/T 5750.12
^a 散养模式免测该指标。		

ª 散养模式免测该指标。

6.4　加工用水要求

加工用水包括食用菌生产用水、食用盐生产用水等，应符合表5要求。

表5　加工用水要求

项　　目	指　　标	检测方法
pH	6.5 ～ 8.5	GB/T 5750.4
总汞，mg/L	≤ 0.001	GB/T 5750.6
总砷，mg/L	≤ 0.01	GB/T 5750.6
总镉，mg/L	≤ 0.005	GB/T 5750.6
总铅，mg/L	≤ 0.01	GB/T 5750.6
六价铬，mg/L	≤ 0.05	GB/T 5750.6
氰化物，mg/L	≤ 0.05	GB/T 5750.5
氟化物，mg/L	≤ 1.0	GB/T 5750.5
菌落总数，CFU/mL	≤ 100	GB/T 5750.12
总大肠菌群，MPN/100mL	不得检出	GB/T 5750.12

6.5　食用盐原料水质要求

食用盐原料水包括海水、湖盐或井矿盐天然卤水，应符合表6要求。

表6　食用盐原料水质要求

项　　目	指　　标	检测方法
总汞，mg/L	≤ 0.001	GB/T5 750.6
总砷，mg/L	≤ 0.03	GB/T 5750.6
总镉，mg/L	≤ 0.005	GB/T 5750.6
总铅，mg/L	≤ 0.01	GB/T 5750.6

7 土壤质量要求

7.1 土壤环境质量要求

按土壤耕作方式的不同分为旱田和水田两大类，每类又根据土壤pH的高低分为三种情况，即pH＜6.5、6.5＜pH≤7.5、pH＞7.5。应符合表7要求。

表7 土壤质量要求

项目	旱田			水田			检测方法
	pH＜6.5	6.5≤pH≤7.5	pH＞7.5	pH＜6.5	6.5≤pH≤7.5	pH＞7.5	NY/T 1377
总镉，mg/kg	≤0.30	≤0.30	≤0.40	≤0.30	≤0.30	≤0.40	GB/T 17141
总汞，mg/kg	≤0.25	≤0.30	≤0.35	≤0.30	≤0.40	≤0.40	GB/T 22105.1
总砷，mg/kg	≤25	≤20	≤20	≤20	≤20	≤15	GB/T 22105.2
总铅，mg/kg	≤50	≤50	≤50	≤50	≤50	≤50	GB/T 17141
总铬，mg/kg	≤120	≤120	≤120	≤120	≤120	≤120	HJ 491
总铜，mg/kg	≤50	≤60	≤60	≤50	≤60	≤60	GB/T 17138

注1：果园土壤中铜限量值为旱田中铜限量值的2倍。
注2：水旱轮作的标准值取严不取宽。
注3：底泥按照水田标准执行。

7.2 土壤肥力要求

土壤肥力按照表8划分。

表8 土壤肥力分级指标

项目	级别	旱地	水田	菜地	园地	牧地	检测方法
有机质，g/kg	I	> 15	> 25	> 30	> 20	> 20	NY/T 1121.6
	II	10 ~ 15	20 ~ 25	20 ~ 30	15 ~ 20	15 ~ 20	
	III	< 10	< 20	< 20	< 15	< 15	
全氮，g/kg	I	> 1.0	> 1.2	> 1.2	> 1.0	—	NY/T 53
	II	0.8 ~ 1.0	1.0 ~ 1.2	1.0 ~ 1.2	0.8 ~ 1.0	—	
	III	< 0.8	< 1.0	< 1.0	< 0.8	—	
有效磷，mg/kg	I	> 10	> 15	> 40	> 10	> 10	LY/T 1233
	II	5 ~ 10	10 ~ 15	20 ~ 40	5 ~ 10	5 ~ 10	
	III	< 5	< 10	< 20	< 5	< 5	
速效钾，mg/kg	I	> 120	> 100	> 150	> 100	—	LY/T 1236
	II	80 ~ 120	50 ~ 100	100 ~ 150	50 ~ 100	—	
	III	< 80	< 50	< 100	< 50	—	
阳离子交换量，cmol (+) /kg	I	> 20	> 20	> 20	> 20	—	LY/T 1243
	II	15 ~ 20	15 ~ 20	15 ~ 20	15 ~ 20	—	
	III	< 15	< 15	< 15	< 15	—	

注：底泥、食用菌栽培基质不做土壤肥力检测。

7.3 食用菌栽培基质质量要求

土培食用菌栽培基质按7.1执行，其他栽培基质应符合表9要求。

表9 食用菌栽培基质要求

项　　目	指　　标	检测方法
总汞，mg/kg	≤ 0.1	GB/T 22105.1
总砷，mg/kg	≤ 0.8	GB/T 22105.2
总镉，mg/kg	≤ 0.3	GB/T 17141
总铅，mg/kg	≤ 35	GB/T 17141

附录2 农业部行业标准NY/T 394—2013 《绿色食品 肥料使用准则》

绿色食品 肥料使用准则

1 范围

本标准规定了绿色食品生产中肥料使用原则、肥料种类及使用规定。

本标准适用于绿色食品的生产。

2 规范性引用文件

下列文件对于本文件的应用是必不可少的。凡是注日期的引用文件，仅注日期的版本适用于本文件。凡是不注日期的引用文件，其最新版本（包括所有的修改单）适用于本文件。

GB 20287 农用微生物菌剂

NY/T 391 绿色食品 产地环境质量

NY 525 有机肥料

NY/T 798 复合微生物肥料

NY 884 生物有机肥

3 术语和定义

下列术语和定义适用于本文件。

3.1

AA级绿色食品 AA grade green food

产地环境质量符合NY/T 391的要求，遵照绿色食品生产标准生产，生产过程中遵循自然规律和生态学原理，协调种植业和养殖业的平衡，不使用化学合成的肥料、农药、兽药、渔药、添加剂等物质，产品质量符合绿色食品产品标准，经专门机构许可使用绿色食品标志的产品。

3.2

A级绿色食品 A grade green food

产地环境质量符合NY/T 391的要求，遵照绿色食品生产标准生产，生产过程中遵循自然规律和生态学原理，协调种植业和养殖业的平衡，限量使用限定的化学合成生产资料，产品质量符合绿色食品产品标准，经专门机构许可使用绿色食品标志的产品。

3.3

农家肥料 farmyard manure

就地取材，主要由植物和（或）动物残体、排泄物等富含有机物的物料制作而成的肥料。包括秸秆肥、绿肥、厩肥、堆肥、沤肥、沼肥、饼肥等。

3.3.1

秸秆 stalk

以麦秸、稻草、玉米秸、豆秸、油菜秸等作物秸秆直接还田作为肥料。

3.3.2

绿肥 green manure

新鲜植物体作为肥料就地翻压还田或异地施用。主要分为豆科绿肥和非豆科绿肥两大类。

3.3.3

厩肥 barnyard manure

圈养牛、马、羊、猪、鸡、鸭等畜禽的排泄物与秸秆等垫料发酵腐熟而成的肥料。

3.3.4

堆肥 compost

动植物的残体、排泄物等为主要原料，堆制发酵腐熟而成的肥料。

3.3.5

沤肥 waterlogged compost

动植物残体、排泄物等有机物料在淹水条件下发酵腐熟而成的肥料。

3.3.6

沼肥 biogas fertilizer

动植物残体、排泄物等有机物料经沼气发酵后形成的沼液和沼渣肥料。

3.3.7

饼肥 cake fertilizer

含油较多的植物种子经压榨去油后的残渣制成的肥料。

3.4

有机肥料 organic fertilizer

主要来源于植物和（或）动物，经过发酵腐熟的含碳有机物料，其功能是改善土壤肥力、提供植物营养、提高作物品质。

3.5

微生物肥料 microbial fertilizer

含有特定微生物活体的制品，应用于农业生产，通过其中所含微生物的生命活动，增加植物养分的供应量或促进植物生长，提高产量，改善农产品品质及农业生态环境的肥料。

3.6

有机—无机复混肥料 organic-inorganic compound fertilizer
含有一定量有机肥料的复混肥料。

注：其中复混肥料是指氮、磷、钾三种养分中，至少有两种养分标明量的由化学方法和（或）掺混方法制成的肥料。

3.7

无机肥料 inorganic fertilizer

主要以无机盐形式存在，能直接为植物提供矿质营养的肥料。

3.8

土壤调理剂 soil amendment

加入土壤中用于改善土壤的物理、化学和（或）生物性状的物料，功能包括改良土壤结构、降低土壤盐碱危害、调节土壤酸碱度、改善土壤水分状况、修复土壤污染等。

4 肥料使用原则

4.1 持续发展原则。绿色食品生产中所使用的肥料应对环境无不良影响，有利于保护生态环境，保持或提高土壤肥力及土壤生物活性。

4.2 安全优质原则。绿色食品生产中应使用安全、优质的肥料产品，生产安全、优质的绿色食品。肥料的使用应对作物（营养、味道、品质和植物抗性）不产生不良后果。

4.3 化肥减控原则。在保障植物营养有效供给的基础上减少化肥用量，兼顾元素之间的比例平衡，无机氮素用量不得高于当季作物需求量的一半。

4.4 有机为主原则。绿色食品生产过程中肥料种类的选取应以农家肥料、有机肥料、微生物肥料为主，化学肥料为辅。

5 可使用的肥料种类

5.1 AA级绿色食品生产可使用的肥料种类

可使用 3.3、3.4、3.5 规定的肥料。

5.2 A级绿色食品生产可使用的肥料种类

除 5.1 规定的肥料外，还可使用 3.6、3.7 规定的肥料及 3.8 土壤调理剂。

6　不应使用的肥料种类

6.1　添加有稀土元素的肥料。

6.2　成分不明确的、含有安全隐患成分的肥料。

6.3　未经发酵腐熟的人畜粪尿。

6.4　生活垃圾、污泥和含有害物质（如毒气、病原微生物、重金属等）的工业垃圾。

6.5　转基因品种（产品）及其副产品为原料生产的肥料。

6.6　国家法律法规规定不得使用的肥料。

7　使用规定

7.1　AA级绿色食品生产用肥料使用规定

7.1.1　应选用5.1所列肥料种类，不应使用化学合成肥料。

7.1.2　可使用农家肥料，但肥料的重金属限量指标应符合NY 525的要求，粪大肠菌群数、蛔虫卵死亡率应符合NY 884的要求。宜使用秸秆和绿肥，配合施用具有生物固氮、腐熟秸秆等功效的微生物肥料。

7.1.3　有机肥料应达到NY 525技术指标，主要以基肥施入，用量视地力和目标产量而定，可配施农家肥料和微生物肥料。

7.1.4　微生物肥料应符合GB 20287或NY 884或NY/T 798的要求，可与5.1所列其他肥料配合施用，用于拌种、基肥或追肥。

7.1.5　无土栽培可使用农家肥料、有机肥料和微生物肥料，掺混在基质中使用。

7.2　A级绿色食品生产用肥料使用规定

7.2.1　应选用5.2所列肥料种类。

7.2.2　农家肥料的使用按7.1.2的规定执行。耕作制度允许情况下，宜利用秸秆和绿肥，按照约25∶1的比例补充化学氮素。厩肥、堆肥、沤肥、沼肥、饼肥等农家肥料应完全腐熟，肥料的重金属限量指标应符合NY 525的要求。

7.2.3 有机肥料的使用按7.1.3的规定执行。可配施5.2所列其他肥料。

7.2.4 微生物肥料的使用按7.1.4的规定执行。可配施5.2所列其他肥料。

7.2.5 有机—无机复混肥料、无机肥料在绿色食品生产中作为辅助肥料使用，用来补充农家肥料、有机肥料、微生物肥料所含养分的不足。减控化肥用量，其中无机氮素用量按当地同种作物习惯施肥用量减半使用。

7.2.6 根据土壤障碍因素，可选用土壤调理剂改良土壤。

附录3 农业部行业标准NY/T 1834—2010 《茭白等级规程》

茭白等级规格

1 范围

本标准规定了茭白等级规格、包装、标识的要求及参考图片。

本标准适用于鲜食茭白。

2 规范性引用文件

下列文件中的条款通过本标准的引用而成为本标准的条款。凡是注日期的引用文件，其随后所有的修改单（不包括勘误的内容）或修订版均不适用于本标准，然而，鼓励根据本标准达成协议的各方研究是否可使用这些文件的最新版本。凡是不注日期的引用文件，其最新版本适用于本标准。

GB/T 191 包装储运图示标志

GB/T 6543 运输包装用单瓦楞纸箱和双瓦楞纸箱

GB 7718 预包装食品标签通则

GB/T 8855 新鲜水果和蔬菜 取样方法

GB 9687 食品包装用聚乙烯成型品卫生标准

NY/T 1655 蔬菜包装标识通用准则

国家质量监督检验检疫总局令 2005年第75号 定量包装商品计量监督管理办法

3 要求

3.1 等级
3.1.1 基本要求

茭白应符合下列基本要求：

——具有同一品种特征，茭白充分膨大，其成长度达到鲜食要求，不老化；

——外观新鲜、有光泽，无畸形，茭形完整、无破裂或断裂等；

——茭肉硬实、不萎蔫，无糠心；

——无灰茭，无青皮茭，无冻害，无其他较严重的损伤；

——清洁、无杂质，无害虫，无异味，无不正常的外来水分；

——无腐烂、发霉、变质现象；

——壳茭不带根、切口平整，茭壳呈该品种固有颜色，可带3~4片叶鞘，带壳茭白总长度不超过50cm。

3.1.2 等级划分

在符合基本要求的前提下，茭白分为特级、一级和二级，具体要求应符合表1的规定。

表1 茭白等级

项目	特级	一级	二级
色泽	净茭表皮鲜嫩洁白，不变绿变黄	净茭表皮洁白、鲜嫩，露出部分黄白色或淡绿色	净茭表皮洁白、较鲜嫩，茭壳上部露白稍有青绿色
外形	茭形丰满，中间膨大部分匀称	茭形丰满、较匀称，允许轻微损伤	茭形较丰满，允许轻微损伤和锈斑
茭肉横切面	洁白，无脱水，有光泽，无色差	洁白，无脱水，有光泽，稍有色差	洁白，有色差，横切面上允许有几个隐约的灰白点
茭壳	茭壳包紧，无损伤	茭壳包裹较紧，允许轻微损伤	允许轻微损伤

3.1.3　等级允许误差

等级的允许误差按其茭白个数计，应符合：

a）按数量计，特级允许有5%的产品不符合该等级的要求，但应符合一级的要求；

b）按数量计，一级允许有8%的产品不符合该等级的要求，但应符合二级的要求；

c）按数量计，二级允许有10%的产品不符合该等级的要求，但应符合基本要求。

3.2　规格

3.2.1　规格划分

以茭体部分最大直径为划分规格的指标，在符合基本要求的前提下，茭白分为大（L）、中（M）、小（S）三个规格。具体要求应符合表2的规定。

表2　茭白规格

单位：毫米

规格	大（L）	中（M）	小（S）
横径	＞40	30~40	＜30
同一包装中最大和最小直径的差异	≤10		≤5

3.2.2　允许误差范围

规格的允许误差范围按其茭白个数计，特级允许有5%的产品不符合该规格的要求；一级和二级分别允许有10%的产品不符合该规格的要求。

4　包装

4.1　基本要求

同一包装内茭白产品的等级、规格应一致。包装内的产品可视部分应具有整个包装产品的代表性。

4.2　包装材料

包装材料应清洁卫生、干燥、无毒、无污染、无异味，并符合食品卫生要求；包装应牢固，适宜搬运、运输。包装容器可采用塑料袋或内衬塑料薄膜袋的纸箱。采用的塑料薄膜袋质量应符合GB 9687的要求，采用的纸箱则不应有虫蛀、腐烂、受潮霉变、离层等现象，且符合GB/T 6543的规定。特殊情况按交易双方合同规定执行。

4.3　包装方式

包装方式宜采用水平排列方式包装，包装容器应有合适的通气口，有利于保鲜和新鲜茭白的直销。所有包装方式应符合NY/Y 1655的规定。

4.4　净含量及允许短缺量

每个包装单位净含量应根据销售和运输要求而定，不宜超过10kg。

每个包装单位净含量允许短缺量按国家质量监督检验检疫总局令2005年第75号规定执行。

4.5　限度范围

每批受检样品质量和大小不符合等级、规格要求的允许误差按所检单位的平均值计算，其值不应超过规定的限度，且任何所检单位的允许误差值不应超过规定值的2倍。

5　抽样方法

按GB/T 8855规定执行。抽样数量应符合表3的规定。

表3　抽样数量

批量件数	≤ 100	101~300	301~500	501~1 000	＞1 000
抽样件数	5	7	9	10	15

6 标识

包装箱或袋上应有明显标识，并符合GB/T 191、GB 7718和NY/T 1655的要求。内容包括产品名称、等级、规格、产品执行标准编号、生产和供应商及其详细地址、产地、净含量和采收、包装日期。若需冷藏保存，应注明储藏方式。标注内容要求字迹清晰、完整、规范。

7 参考图片

茭白包装方式及各等级规格实物图片参见图1、图2、图3。

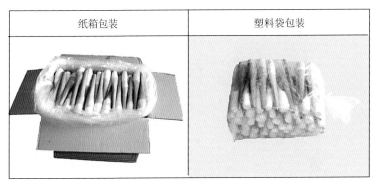

纸箱包装	塑料袋包装

图1　茭白包装方式

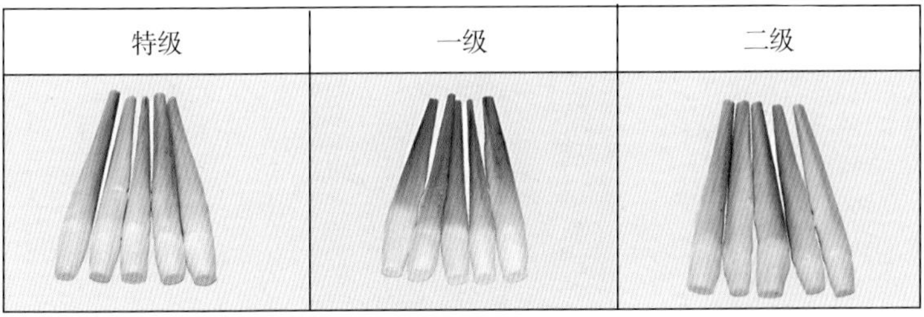

特级	一级	二级

图2　茭白等级

大（L）	中（M）	小（S）
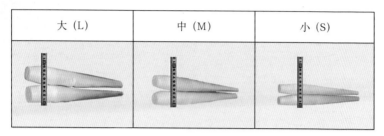		

图3　茭白规格

附录 4 浙江省双季晚稻全程标准化生产技术模式图

附录5 缙云县茭白标准化生产技术模式图

时期	一月 上旬 中旬 下旬	二月 上旬 中旬 下旬	三月 上旬 中旬 下旬	四月 上旬 中旬 下旬	五月 上旬 中旬 下旬	六月 上旬 中旬 下旬	七月 上旬 中旬 下旬	八月 上旬 中旬 下旬	九月 上旬 中旬 下旬	十月 上旬 中旬 下旬	十一月 上旬 中旬 下旬	十二月 上旬 中旬 下旬

高山茭白
（海拔500米以上）

单季茭：夏秋收
（有海拔区域分）

露地双季茭白

设施双季茭白

生
育
期

农
艺
措
施

肥
料
施
用

病
虫
防
治

注
意
事
项

安全用药	农药品种	阿维菌素	甲维盐	氯虫苯甲酰胺	乙基多杀菌素	吡虫啉	噻嗪酮	味鲜胺	井冈霉素	苯醚甲环唑	多抗灵
	最多使用次数（次）	2	3	2	3	3	2	2	2	1	1
	安全间隔期（天）	7	3	7	3	7	14	14	14	14	10

二化螟	长绿飞虱	锈病	纹枯病	胡麻斑病

缙云县菜篮子工程办公室制 2013年4月 2017年2月修订

144

主要参考文献

陈贵，赵国华，赵红梅，沈亚强，杨继锋，冯四海，陈小忠，程大旺．2016.沼液浇灌对茭白氮磷钾养分吸收特性的影响.浙江农业学报，28（3）：474-481.

陈贵，赵国华，赵红梅，沈亚强，杨继锋，冯四海，陈小忠，程大旺．2016.沼液浇灌对茭白生长、品质及土壤养分的影响.中国沼气，34（4）：81-86.

陈加多，张国洪，张红娟．2013.茭白—茄子水旱轮作生态种植及配套技术.长江蔬菜（18）：160-161.

陈建明，丁新天，潘远勇，张珏锋，周杨，王来亮，何月平.4种杀菌剂对茭白锈病的防效.浙江农业科学，2013，（11）：1463-1465.

陈建明，丁新天，潘远勇，张珏锋，周杨，王来亮，何月平．2013.芸薹素内酯和复硝酚钠对茭白生长发育和产量的影响.长江蔬菜(18): 53-55.

陈建明，何月平，张珏锋，郑寨生，张尚法，王来亮，姚岳良．2012.我国茭白新品种选育和高效栽培新技术研究与应用，长江蔬菜，39(16): 6-11.

陈建明，庞英华，张珏锋，朱徐燕，黄锡志，朱建杰．2015.双季茭白节水灌溉栽培技术规程.浙江农业科学，56(4):474-475.

陈建明，王来亮，周锦连，张永根.浙江省茭白栽培新技术的探索与实践.长江蔬菜，2015，(22): 135-137.

陈建明，王来亮，周锦连，周杨，姚岳良，张珏锋．2015.茭白叶工艺品制作技术.长江蔬菜(22): 163-164.

陈建明，俞晓平，陈列忠，何月平，张珏锋，沈学根，符长焕．2010.浙江省茭白高效安全生产技术研究与应用现状.长江蔬菜(14):123-125.

陈建明，张珏锋，王来亮，周杨．2013.我国茭白高效种养和轮作套种模式的研究与实践.长江蔬菜(18): 127-130.

陈建明，张珏锋，钟海英，李芳.2016.我国茭白有害生物防治新技术研究与应用.浙江农业科学，57（10）：1609-1612.

陈建明，周锦连，王来亮.茭白病虫草害识别与生态控制.北京：中国农业出版社.

程立宝，尹静静，陈学好，李良俊.2012.茭白高效栽培模式与技术.长江蔬菜（16）：85-87.

邓曹仁，叶德坚，陈建明.2008.单季茭两茬收获栽培技术.长江蔬菜（8）:22-23.

邓曹仁，郑春龙，祝财兴，杜龙君.2003.茭白田养鱼和养鸭生产技术模式的探讨.浙江农业学报，15（3）：205-208.

邓建平，张敬泽，胡美华.2015.缙云县大洋镇茭白锈病发生规律与防治.长江蔬菜（17）：51-53.

邓建平，徐蝉，张晓焕，薛惠民，王立霞，郭得平.2015.氮肥不同用量对茭白生长及产量的影响.长江蔬菜（22）：105-108.

符长焕，翁丽青，郑许松，郑春龙.2013.双季茭余茭4号的特征特性及栽培要点.浙江农业科学（9）：1108-1109.

符长焕，郑春龙.2016.单季茭白余茭3号的选育.浙江农业科学，57（10）：1650-1652.

高水友，姚尔群.2015.滨海盐碱地茭白高效栽培技术探讨.园艺与种苗（2）：6-8.

顾桂花，林红梅，苏卫国，伍兰萍.2014.东台地区设施早春西瓜—秋茭白轮作新模式.长江蔬菜（4）：42-43.

何建清.丽水农作制度创新与实践.北京：中国农业出版社.

何圣米，胡齐赞，王来亮，马雅敏.2016.大棚茭白套种苦瓜高效种植模式.浙江农业科学，57（10）：1625-1626.

胡美华，杨凤丽，俞朝，姚军华 . 2016. 茭白田套养甲鱼模式效益高 . 长江蔬菜（3）：38-40.

黄来春，钟兰，周凯，李双梅，刘义满 . 2015. 茭白—鱼种养结合技术 . 长江蔬菜（22）：140-142.

柯卫东，王振忠，董文 . 水生蔬菜丰产技术 . 北京：中国农业科学技术出版社 .

刘庭付，丁潮洪，李汉美，章根儿 . 2012. 双季茭白—荸荠—早春毛豆水旱轮作高效栽培模式 . 长江蔬菜（16）：72-73.

马雅敏，王来亮，邓曹仁，李慧瑶 . 2015. 杀菌剂对茭白胡麻叶斑病防治效果 . 长江蔬菜（22）：175-176.

沈学根，陈建明，徐杰，姚良洪，周建松，邵大卫 . 2010. 双季茭白新品种龙茭 2 号 . 园艺学报，37（1）：165-166.

沈学根，费洪标，徐杰，倪芳群 . 极多产和极多菁混合液对双季茭白产量的影响 . 浙江农业科学，2012，(5)：649-651.

寿森炎，姜芳，陈可可 . 2009. 浙江设施茭白栽培技术综述与发展趋势 . 长江蔬菜（16）:102-103.

寿森炎，李红斌，黄锡志，丁潮洪，苗立祥 . 2016. 浙大系列水生蔬菜育种与推广 . 浙江农业科学，57（10）：1577-1579.

宋光同，丁凤琴 . 2011. 茭白—克氏原螯虾生态共作技术 . 科学养鱼（2）：24-26.

唐涛，符伟，王培，马明勇 . 2016. 不同类型杀虫剂对水稻二化螟和稻纵卷叶螟的田间防治效果评价 . 植物保护，42（3）：222-228.

陶福英，周东海 . 2015. 茭白—水芹菜套种高效栽培技术 . 上海农业科技（6）：157，127.

童志耿，谈灵珍 . 茭白田套养泥鳅试验小结 . 科学养鱼，2014，(7)：

38-39.

王来亮，陈建明. 2016.敌磺钠对单季茭一年两收第二茬茭白及薹管苗的结茭影响.浙江农业科学，57（10）：1627-1628，1649.

王来亮，陈金华，陈建明，丁新大，邓曹仁. 2015.缙云县茭白种植模式的探索与综合应用.浙江农业科学，56(4): 293-296.

王来亮，陈金华，丁潮洪，周锦连，邓曹仁，马雅敏. 2015.大棚茭白套种丝瓜立体高效种植模式.长江蔬菜（13）：25-27.

王守江，张家宏，寇祥明，毕建花，唐鹤军. 2011.茭白-克氏原螯虾工作生产技术规程.江苏农业科学，39（6）：383-384.

吴旭江，吕文君，陈银根. 2014.茭鸭共育模式的经济效益和技术要点.浙江农业科学，55（8）：1268-1270.

邢阿宝，崔海峰，俞晓平，张尚法，郑寨生，叶子弘. 2015.双季茭白品种浙茭7号的选育.长江蔬菜（22）：53-54.

姚良洪，沈卫林，张永根. 2016.桐乡市茭白田养鸭效益分析与技术要点.浙江农业科学，57（10）：1633-1634.

姚良洪，张永根，曹亮亮，张真，王越. 2016.董家茭白大棚设施栽培技术.浙江农业科学，57（10）：1657-1658.

叶秀芬，张震，邱海萍，毛雪琴，柴荣耀，张昌杰. 2016.不同杀菌剂水稻穗期稻瘟病和稻曲病的防治效果.浙江农业科学，57（5）：675-677.

俞朝. 2015.双季茭白套养中华鳖新型生态高效栽培技术.长江蔬菜（22）：126-128.

袁名安，郑寨生，张尚法，孔向军，王凌云，李怡鹏，杨梦飞，张雷. 2016.金华市水生蔬菜品种选育及高效栽培技术的研究进展.浙江农业科学，57（10）：1603-1606.

张珏锋，陈建明，何月平. 2016.8种杀虫剂对茭白长绿飞虱的生物活性.浙江农业科学，57（10）：1673-1675.

张珏锋，陈建明，钟海英，庞英华，朱徐燕.2016.不同灌溉方式对双季茭白（秋茭）营养品质的影响.浙江农业科学，57（10）：1661-1664.

张尚法，郑寨生，陈淑玲，王凌云，张雷，袁明安，李怡鹏.2013.双季茭浙茭3号的选育及栽培要点.长江蔬菜（18）：83-85.

张尚法，郑寨生，杨梦飞，张雷，王凌云，袁名安，李怡鹏.2015.种茎割除时间对双季茭白秋茭产量及商品性的影响.长江蔬菜（22）：102-104.

张瑛，张永泰，惠飞虎，李爱民，祁建波，张永吉，朱珊珊，徐中友.2014.西瓜—茭白—莲藕—水芹两年五熟水旱轮作高效栽培及效益分析.江苏农业科学，42（7）：173-174.

张瑛，张永泰，惠飞虎，李爱民，周如美，祁建波.2011.西瓜—茭白—慈姑两年四熟水旱轮作设施高效种植模式.中国瓜菜，24（6）：62-64.

钟海英，张珏锋，陈建明，李芳.2016.10种颜色粘虫板对茭白长绿飞虱诱杀效果比较.浙江农业科学，57（10）:1642-1643,1652.

钟兰，刘义满，李双梅，黄来春，周凯，柯卫东.2015.湖北地区茭白主要病虫害防治技术.长江蔬菜（22）：210-211.

周杨.2016.茭白不同育苗繁殖技术及其特点.浙江农业科学，57（10）：1639-1641.

周祖法，闫静.2013.利用茭白叶栽培大球盖菇的配方筛选与菌株比较试验初报.浙江大学学报：农业与生命科学版，40（3）：293-296.

朱徐燕，沈建国，庞英华，王忠，朱建杰，黄锡志.2013.茭白配方专用肥肥效比较试验.中国园艺文摘（5）：18-20.

浙江省丽水市农丰农业生产资料配送有限公司

　　浙江省丽水市农丰农业生产资料配送有限公司组建于2007年1月，注册资金1 000万元，坐落在浙江省丽水市水阁工业区石牛路43号，拥有综合楼、仓储库，建筑面积14 000万米²。公司是在丽水市市场协会农业生产资料市场分会的基础上，由丽水市兴合商贸、原丽水市联合农资经营部等5家骨干农资企业通过资产和业务重组，建立起来的产权清晰、业务功能齐全的农资股份制企业。公司的创建实现了市场和企业的有效对接，减少流通环节，促进规模经营，壮大市场主体，提高市场竞争力，从源头上控制和有效保证农资质量，促进农业增效、农民增收。

　　农丰农资有限公司以农资服务于农民、农业、农村为宗旨，积极参与丽水市农作物放心工程建设，完善农资物流配送体系，搞好连锁经营规范管理，提高农资售后服务水平，倡导诚信经营，做大农资连锁经营企业，健康有序发展丽水农资市场，确保丽水食品绿色安全，把丽水农产品转换为旅游地商品做出应有贡献。

　　公司经过十年的整合和发展，现已建立加盟网点120多个，公司农药、化肥购销涵盖面约占全市50%左右。农药、化肥等主要农业生产资料质量可靠，花色品种多样，新农药、新化肥推广力度大，售后跟踪服务系统开始发挥作用，越来越显示出农资连锁经营安全、优质、高效、低成本的优势，是一家值得广大农户信赖的旗舰式新型农资经营企业。

浙江省丽水市农丰农业生产资料配送有限公司